¿QUÉ ES DIOS?

¿Y QUÉ SOMOS NOSOTROS?

Aquí la repuesta en base a la ciencia y la religión.

El hombre sufre porque se conoce poco
Por eso, lo oportuno es ahora…

La Revelación Plena

La Piedra Filosofal del Nuevo Orden

Largaespada, Jimmy

¿Qué es Dios y qué somos nosotros?
/ Ed. Amerrisque, Managua, Nicaragua 2021.

P. 178

ISBN: 978-99964-27-85-5

1. ESTUDIOS - 2. ANÁLISIS RELIGIOSO

DISEÑO EDITORIAL

casadellibronicaragua@gmail.com
www.casadellibronicaragua.com

CONTENIDO

Reflexión introductoria

Históricamente la ciencia y religión han mantenido un marco de confrontación, donde cada una defiende sus fundamentos a veces de forma extrema e irreconciliable1. Veamos:

- Para la ciencia, la idea de un Dios personalizado y creador inteligente de todo cuanto existe es difícil de concebir en su lógica. Por tanto, para la ciencia, la vida es producto de un proceso evolutivo, pasando de inanimado a animado por pura y mera casualidad, y por tal motivo, para ella, el propósito de la vida es solo su continuo desarrollo.

- En el caso de la religión, para ella es también difícil concebir la idea que toda la complejidad y arquitectura de la vida haya surgido de la nada (el Big Bang a partir de un punto) y fuese sido producto del simple azar de las cosas.

  Por consiguiente, para la religión la vida no es producto del azar, sino, de una inteligencia creadora superior llamada Dios, y que el propósito de la vida es el alcance de una salvación (o iluminación, autorrealización, etc.).

Y es por estas incongruencias mutuas, que la ciencia tiende a señalar muchas veces a la religión de mística, y a la vez, la religión también señala de mística a la ciencia en muchas de sus conjeturas.

Entonces la pregunta es:

¿Son realmente místicas e irreconciliables ambas posiciones?

---

1 Uso términos de ciencia y religión de manera general, sabiendo que hay científicos con bases muy religiosas y religiosos con bases muy científicas.

¿Surgió la vida del azar o de una conciencia creadora? ¿Existen pruebas científicas que demuestren la existencia de una conciencia creadora o no?

Por tanto ¿Quién finalmente tiene la razón? ¿La ciencia? ¿La religión? ¿Ninguna? <u>¿O acaso ambas?</u>

Para responder estas preguntas, surge el presente libro donde el autor nos demuestra con sustentos científicos y bíblicos los siguientes hallazgos que usted ira comprobando a través de su lectura:

1. Que todo el universo es al final energía y nosotros también por ser parte de él.

2. Que las leyes naturales que nos rigen muestran tener un patrón predeterminado (no azaroso) para establecer un orden y crear la vida como un fin.

3. Que, por tanto, la posibilidad de la existencia de una conciencia creadora (lo que socialmente identificamos como Dios) es realmente factible, lo cual se demuestra a lo largo del libro.

4. Que la ciencia y la religión no son, por consiguiente, antagónicas como aparentan ser y que más bien, convergente en muchos aspectos, formando ambas al final, un solo camino al conocimiento humano y de Dios; donde una sirve de guía y la otra de respaldo, por lo que un día las dos formaran un solo cuerpo de conocimiento para el hombre.

5. Finalmente, se muestra cómo podemos armonizar con esa conciencia creadora (Dios) para lograr la transformación real de nuestro propio ser y destino.

Libros complementarios:

Es necesario señalar que todo el análisis del autor se ordenó en tres libros (el presente y dos más) que van vinculados entre sí y que se recomiendan sus lecturas complementarias para tener la comprensión integral de lo que hemos sido, debemos ser y los factores a cambiar para impulsar nuestra real evolución humana. Siendo los libros adicionales sugeridos los siguientes:

Libro 1: La Verdad sobre nuestra irracional historia humana

Orientado a comprender el mundo en que vivimos:

¿Qué pasa en el mundo? ¿Por qué sucede todo esto? ¿Hacia dónde vamos si continuamos así? ¿Y hacia donde debemos ir ahora? Incluye una propuesta de proyecto para iniciar este proceso de cambio.

Libro 2: Los errores de la religión

Aborda de forma amplia los errores de la religión y sobre cuál es el tipo de religión que realmente necesitamos fomentar como sociedad humana.

Así que, estando claros de los motivos del presente libro, sus hallazgos y los libros adicionales sugeridos, iniciemos a desarrollar cada uno de sus capítulos.

Capítulo I
¿Qué somos?

1. ¿Cómo nace la noción de Dios?

Dado que el libro busca responder a la pregunta ¿Qué es Dios? es bueno iniciar abordando como es que ha nacido el concepto de Dios dentro de las sociedades humanas. Ante esto, hay tres supuestos generales:

Supuesto 1: Dios creado por el hombre como reflejo de sí mismo.

Unos indican que, desde sus inicios en las cavernas, el hombre actuaba bajo sus instintos primitivos básicos de alimentación, reproducción, establecimiento de un territorio y defensa de este, y donde el liderazgo de un grupo era siempre asumido bajo el principio del más fuerte.

Luego, ante todos los fenómenos naturales que le acontecían (tales como rayos, incendios, erupciones volcánicas, la muerte de compañeros, etc.) junto con el desarrollo gradual de su conciencia, el ser humano comenzó a ampliar su espíritu de curiosidad sobre dichos fenómenos, preguntándose ¿Por qué suceden? ¿Quién los provoca? etc. pero dado al bajo intelecto que aún tenía en esa etapa social primitiva, inicia a considerar que estos fenómenos solo podían ser causa de un ser fuerte (superior), atribuyéndole a este ser superior una imagen predominantemente de hombre, ya que no tenía otro reflejo de algo superior más que la imagen del hombre mismo (otros casos con forma combinada hombre-animal y otros solo de animal, pero teniendo siempre las mismas actitudes humanas de poder, enojo, necesidades humanas, etc. como muchas mitologías de culturas antiguas nos muestran).

Siendo así que comienza a sujetarse a ese ser superior creado, como un simple reflejo de su propia norma social primitiva: de sumirse al más fuerte. Iniciando a hacer acciones de agrado hacia ese ser para contener su ira y/o recibir sus beneplácitos, dando así inicio a sus conceptos y rituales religiosos, como los rituales de ofrenda, de petición, de protección, y el ritual de entierro de sus muertos para que pudiera pasar al mundo de los Dioses (que no podía ver, pero imaginaba similar al suyo), repitiendo estos actos cada vez que se requerían, naciendo la transmisión generacional.

Siendo así, el cómo nacen las dos primeras estructuras básicas de la sociedad primitiva:

1. La de gobierno o liderazgo, asumida bajo la regla del más fuerte, apareciendo el rango de "Cacique".

2. El religioso, asumida bajo la regla del más "instruido" de la tribu, por su conocimiento de curación y de comunicación con los espíritus y los dioses, naciendo el rango de "Chamán".

Es de esta manera que el cacique y el chamán son los primeros cargos creados y los más influyentes en la sociedad primitiva, donde el chamán era al final, el principal consejero del cacique.

Y es interesante ver como esta fuerte influencia de la religión sobre lo secular (que comenzó en la sociedad primitiva) aún prevalece en muchas de nuestras sociedades del siglo XXI (tanto en países ricos y pobres como se sustenta en el libro uno de esta trilogía).

Supuesto 2: Dios como un ser real creador ya innato en la conciencia del hombre.

Esta indica que la percepción de un ser superior y creador ya es innata en el ser humano, porque desde el punto de vista religioso se dice que fuimos creados por Dios y que somos parte de él (un Dios físico para unos o conciencia cósmica para otros); además, la ciencia dice que todo el universo es energía y que estamos vinculada a ella. Por tanto, ya sea de una u otra forma, se asume que esta percepción de la existencia de un Dios ya es un instinto natural (innato) en nosotros.

Esto explicaría, por ejemplo, el por qué todas las culturas primitivas del mundo (sin excepción: europeas, asiáticas, americanas, africanas, etc.), tuvieron la misma percepción filosófica de los Dioses y actuaron de manera muy similar en sus rituales y sus Dioses creados (el Dios de la lluvia, de la fertilidad, de la cosecha, el Dios de la guerra, etc.), semejantes a hombres, con actitudes humanas, etc. a pesar de que muchas culturas no coexistieron, ni tuvieron vínculos históricos entre ellas.

Entonces ¿es esto una gran coincidencia o un instinto innato en el ser humano de algo que ya existe porque somos parte de él?

Supuesto 3: Dios como ser de otro mundo que vino a la tierra.

Los afines a esta teoría se basan en la coincidencia que tienen también muchas culturas antiguas en sus relatos sobre la llegada de un Dios procedente de las estrellas o de otras tierras, con poderes muy similares, y que luego se fue pero que dejo su profecía de retorno en un futuro, etc.

Así que, retomando estos tres supuestos, surge la gran pregunta ¿entonces qué es Dios realmente?

¿Es realmente un ser creador? ¿Es un sentimiento innato? ¿Es un reflejo de nosotros mismos? ¿Es un ser de otro mundo? ¿Es una energía viva? ¿Es una conciencia cósmica? ¿O varias de estas?

Siendo la pregunta que se responde a través de los puntos siguientes, sugiriéndose al lector la lectura del libro paso a paso para llegar a comprender los hallazgos y la conclusión de este.

Por lo cual, debemos iniciar por comprender a continuación el primer tema.

2. Todo lo que existe es energía (incluidos nosotros)

El propósito de este primer capítulo es demostrar que todo cuando existe en la vida, está al final constituido de pura energía (las estrellas, los planetas y hasta nosotros mismos), esto se sustenta de la siguiente manera:

➢ En principio, ya sabemos por los avances de la ciencia que nuestro cuerpo se conforma de la conglomeración de millones de moléculas.

➢ Que cada molécula está a la vez, constituida por la unidad de varios átomos.

➢ Que los átomos están formados por Electrones, Protones y Neutrones:

• Donde los electrones son considerados partículas elementales, lo que significa que no están formados por ninguna otra subestructura (al menos no descubierta hasta hoy), por lo que se consideran últimamente que son partículas puras de energía (representados como un punto).

- En cambio, los protones y neutrones si tienen partículas más pequeñas que los conforman llamados "Quarks".

  - De esta manera, un protón está formado de 3 quarks que tienen carga eléctrica positiva.

  - Y el neutrón está igualmente formado por 3 quarks pero sin cargas eléctricas (son neutros y por eso se llama neutrón).

- Ahora, los quarks son también considerados como partículas elementales hasta hoy[2], o sea, partículas de energía pura (ver en anexo 1 más detalle sobre las fuerzas y las partículas elementales que lo crean todo).

Por consiguiente, podemos concluir que los electrones y los quarks son al final las partículas elementales de energía que conforman toda la materia visible (ya que estos conforman al átomo, los átomos las moléculas mediante los enlaces químicos y los millones de moléculas todo lo que existe); por lo que podemos decir que nosotros mismos somos pura energía ya que nuestro cuerpo es solo un conglomerado de partículas de energía, ¡Así de simple! como lo refleja el siguiente esquema:

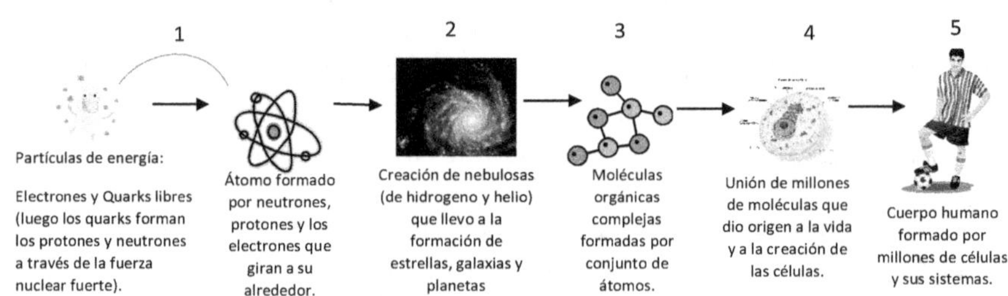

En los puntos siguientes se explica cómo se desarrolló cada una de estas etapas.

---

2 Nuevas teorías del modelo estándar de física de partículas indican hoy, que es posible que los quarks estén a su vez compuestos de subestructuras denominadas Preones. Sin embargo, estos no han podido aun ser descubiertos, por lo que dicha hipótesis está siendo todavía evaluada.

2.1 ¿Cómo se formaron las primeras partículas y átomos?

Para comenzar, la ciencia dice que el universo se creó hace unos 13,700 millones de años a partir de una gran explosión de energía que estaba altamente concentrada en un punto determinado, a esta teoría se le llama "El Big Bang".

Y que a partir del Big Bang se crearon las partículas elementales, como los electrones, los quarks y los fotones (entre otras) que luego conllevaron a formar los primeros átomos de la naturaleza, lo cual sucedió de la siguiente manera:

➢ Los quarks creados que estaban libres se unieron en grupos (mediante la fuerza nuclear fuerte que los une):

- Cuando se unieron tres quarks con carga eléctrica positiva se formó el Protón.

- Y cuando se unieron tres quarks sin cargas eléctricas, se formó el Neutrón (de ahí su nombre, ya que este es neutro, sin carga eléctrica).

➢ Ya formados los protones y neutrones (con la unión de los quarks) se sumaron a ellos los electrones que estaban libres para constituir los primeros átomos de hidrógeno tal como se indica a continuación:

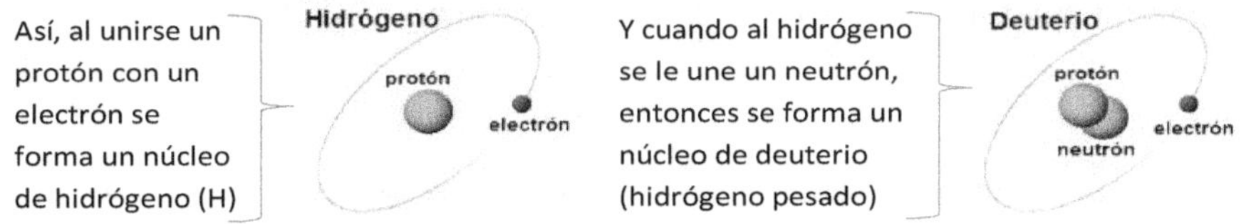

Siendo estos los primeros núcleos formados en el universo.

➢ Luego, los núcleos de deuterio chocan entre sí para formar los núcleos de Helio (He), el cual ya queda constituido por dos protones, dos neutrones y dos electrones[3].

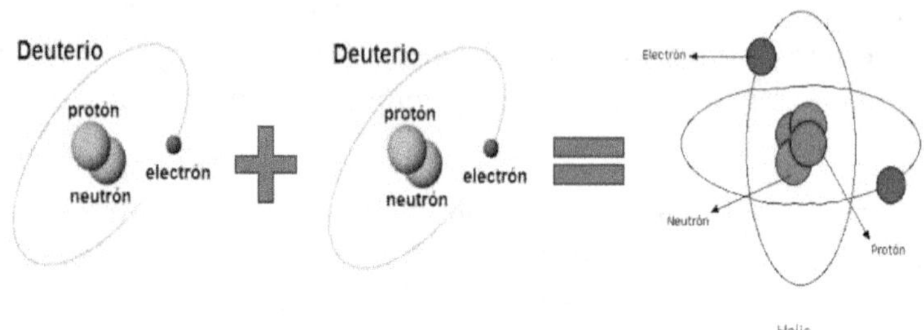

➢ Con este mismo proceso de unión de átomos, se forma después el Litio (Li), el cual ya se conforma de tres protones y tres neutrones; y así sucesivamente se van creando los otros elementos más pesados (llamados así porque con cada nueva unión van aumentando su número de protones y neutrones).

➢ Posteriormente, la ciencia dice que a los 34 minutos de iniciado el bigbang, se frena la producción de núcleos atómicos, debido a que la temperatura del universo ya no es tan alta para continuar con el proceso de fusión nuclear (que no es más que la unión de los átomos que existían hasta ese momento).

Quedando así el universo ya conformado básicamente con un 75% de hidrógeno y un 25% de helio, ambos en forma de nubes de gases llamadas nebulosas, dentro de las cuales nacen luego las estrellas.

---

3 ¿Cómo se unen los electrones al átomo? De la siguiente manera y explicado la más simple posible:

Los electrones tienden a interactuar (chocar, rozar, juntarse) con los fotones (que son haces de luz o energía), y cuando lo hacen, el fotón le pasa al electrón una cantidad de energía, aumentándole su carga eléctrica y con ello, su capacidad de unirse a un átomo. Por tanto, los electrones se unen a los átomos cuando adquieren más energía a través de los fotones.

Luego los electrones quedan girando alrededor del núcleo del átomo ordenados en siete capas, y suben o bajan de capa según la cantidad de energía que tengan. Suben a la capa más externa y se desprenden nuevamente del átomo si llegan a tener más energía de lo establecido en cada nivel.

Finalmente se indica que los electrones tienen carga eléctrica porque según la ciencia, ellos giran en sí mismo (como un trompo), lo que les genera un campo magnético con sus dos polos (similar a nuestro planeta tierra). A este giro en sí mismo del electrón se llama spin.

El Universo ya formado por nebulosas: Grandes nubes de gases de hidrógeno y helio dentro de las cuales se forman las estrellas.

2.2 ¿Cómo se formaron las estrellas, galaxias y planetas?

Esto fue de la siguiente manera:

> ➢ Al transformarse el universo en una gran masa de gases (de hidrógeno y helio), se comenzaron a formar regiones con nubes de gases cada vez más concentradas (producto de la fuerza de gravedad que las unía).

> ➢ En la medida que la densidad de estas regiones aumentaba, también aumentaba su fuerza de gravedad, haciendo que más nubes de hidrógeno circundante empezaran también a agruparse hasta formar un bloque de nubes compactas, dentro del cual comienza a formarse en el centro una especie de núcleo de alta contracción y temperaturas, naciendo así la etapa inicial llamada "Protoestrella".

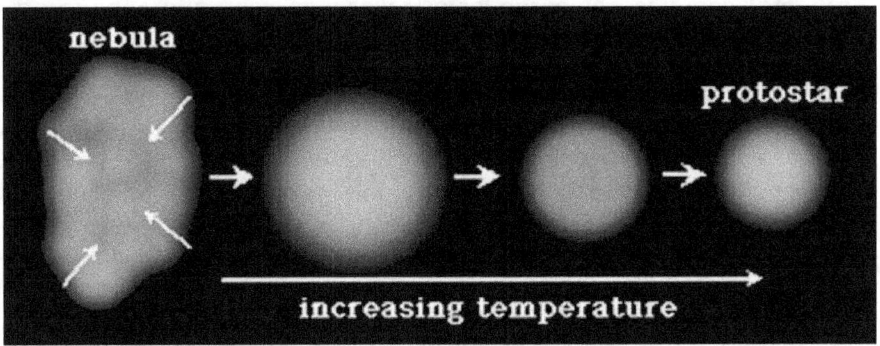

> En esa etapa de protoestrella, la energía gravitacional comienza a convertirse en calor que hace aumentar la temperatura del núcleo a miles de grado Celsius, ya lo suficiente para iniciar dentro de la estrella naciente la actividad de fusión nuclear (la unión de átomos).

> Ya con esta capacidad de fusión nuclear, se reinicia otra vez la conversión del hidrógeno pesado a helio (como ya indicamos), liberando esta fusión una gran cantidad de energía que es lo que causa el brillo característico de las estrellas y sus altas temperaturas.

> Finalmente, los conjuntos de estrellas van luego agrupándose entre sí (siempre por la acción de la fuerza de gravedad) para dar formación a las galaxias; y el conjunto de galaxias a los llamados cúmulos[4] y supercúmulos; y estos a su vez se van ordenando en forma de filamentos o murallas para culminar así la estructura actual del universo según se conoce hasta hoy.

El siguiente esquema resume este proceso:

2.3 ¿Cómo se crearon los planetas?

Ya sabemos cómo se originaron las estrellas y galaxias, ahora indicaremos cómo sucedió con los planetas.

Conforme la ciencia esto sucedió de tres posibles maneras:

1. A partir directamente de una nube de gas y polvo (parte de una nebulosa mayor), que comienza a contraerse en un punto por la fuerza de

4 La galaxia en la que está nuestro sistema solar se llama Carina Signus o Vía Láctea, una nebulosa en espiral con más de 100.000 años luz de diámetro y 400.000 millones de estrellas. Gira con otras 8 galaxias alrededor de una galaxia principal, la M 31, dentro de la Constelación o Nebulosa de Andrómeda; a 2 millones de años luz de la Tierra, esto se llama GRUPO LOCAL o UNIVERSO LOCAL.

gravedad y luego a girar probablemente por la explosión de una supernova cercana.

2. Otra forma, es cuando las nubes de gases que están conformando una estrella, se fragmenta a la vez en varios pedazos más pequeños durante el colapso, pudiendo cada pedazo terminar formando una estrella aparte o bien, un planeta (gaseoso o rocoso, en dependencia de la masa y densidad de cada componente que contenga).

3. Una tercera teoría indica, que los planetas se pueden formar también de los discos de gas y polvo que se forman alrededor de estrellas nacientes.

   Nótese que ahora no nacen de la estrella misma como el caso anterior, sino, de los discos que tienen muchas estrellas a su alrededor, donde se forman inicialmente objetos como asteroides y cometas (por la agrupación de las motas de polvo que se van concentrando para formar rocas). Luego estos van colisionando entre sí para ir formando rocas más grandes y luego de millones de años se va constituyendo la estructura de un planeta. Observaciones recientes plantean que nuestro planeta Tierra se formaron bajo este proceso hace 4,500 millones de años.

2.4 ¿Cómo se formaron los demás elementos compuestos?

Ya indicamos que en las estrellas se crea por fusión nuclear la conversión del hidrógeno a helio, pero en ellas se producen también otra cantidad de elementos más pesados, por lo que al final se consideran que son las calderas donde se fabrican la mayoría de los elementos compuestos que luego conforman toda la materia que existe en el universo. Ocurriendo esto de la siguiente manera:

- Primero el hidrógeno (formado por un protón y un neutrón) se convierte en helio (He).

- Luego el helio comienza a aumentar en grandes cantidades y se comienza a concentrar dentro del núcleo de la estrella por ser ahora un elemento más pesado que el hidrogeno.

- La concentración de helio dentro del núcleo de la estrella hace que aumente aún más la temperatura del núcleo, lo que genera ahora la fusión del helio para producir el carbono (C).

- Y otra vez se repite lo mismo:

  o A medida que aumenta el carbono, este pasa a ocupar el centro del núcleo de la estrella por ser ahora más pesado que el helio (el carbono ya tiene 6 protones).

  o Y con la concentración de carbono en el núcleo, se sube nuevamente la temperatura de este, provocando ahora la fusión del carbono para crear núcleos de Neón (Ne).

  o Y así secuencialmente: El Neón luego produce Oxigeno (O); el Oxigeno conlleva a que se produzca Silicio (Si); el Silicio el Níquel (Ni); y el Níquel al hierro (Fe). Llegando finalmente el hierro (que ya tiene 26 protones) a ocupar el centro de la estrella, tal como lo muestra el siguiente gráfico:

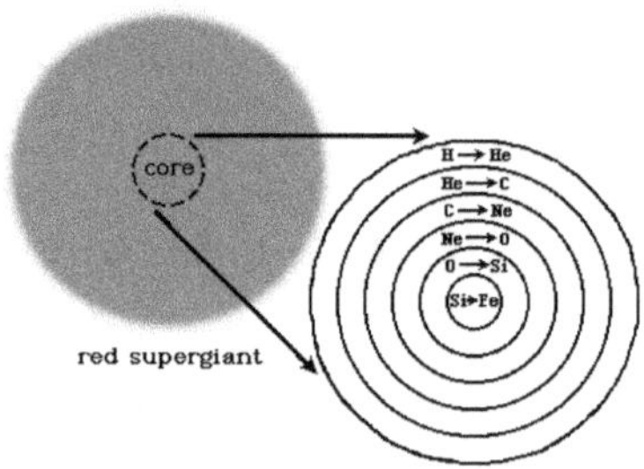

- Los elementos más pesados que el hierro ya no se producen en las estrellas, sino, mediante las explosiones de supernovas (estrellas) que generan mayores temperaturas y energía para lograr la fusión de núcleos más pesados que el hierro, tales como el Paladio (que tiene 46 protones), el Mercurio (80 protones), hasta llegar al Uranio (el elemento natural más pesado, el cual ya está constituido de 92 protones y 164 neutrones).

Además, gracias a estas grandes explosiones de supernovas todos los elementos formados por las estrellas son dispersados al espacio, por ejemplo, en el 2009 el telescopio Hubble obtuvo evidencias de la existencia de moléculas orgánicas complejas en Plutón, que son las bases para la creación de la vida. Y de ahí que se estima que la mayoría de los elementos encontrados en la Tierra fueron "cocinados" en las estrellas y muchos de los ingredientes que crearon la vida en nuestro planeta también provinieron del espacio exterior (ver en anexo 2 los elementos que conforman el cuerpo humano, donde encontrará que nuestro cuerpo contiene todos estos elementos compuestos indicados).

2.5 ¿Cómo se formaron las moléculas orgánicas complejas?

En los puntos anteriores se detalló como surgieron las primeras partículas elementales (ej. electrones y quarks) y como estas formaron los átomos, y con estos, el cómo se formaron las grandes masas de gases de hidrogeno y helio en el universo naciente y que luego dieron forma a las galaxias y estrellas. Después vimos cómo se formaron los demás elementos compuestos (más pesados) dentro de las estrellas.

Esto nos lleva a la siguiente pregunta: ¿cómo es que se unen los átomos para formar todos estos diferentes elementos? ¿cómo se unieron para crear las moléculas orgánicas complejas que nos forman?

Tratare de explicar esto de la forma más sencilla bajo el siguiente proceso:

1. En primer instancia, la ciencia dice que un átomo debe tener el mismo número de protones y electrones. 

   Cuando tiene la misma cantidad de ambos, es entonces un átomo estable; pero cuando la cantidad no es igual, entonces es un átomo inestable porque no está en equilibrio (y en ese momento se les llama "iones").

2. Ahora, cuando un átomo es inestable puede suceder lo siguiente:

   o Si tiene más protones, su carga eléctrica es positiva (porque predominan los protones que tienen carga positiva).

   o Si tiene más electrones, su carga eléctrica es negativa (porque predomina la carga eléctrica negativa que tienen los electrones).

o Y es neutro cuando tiene la misma cantidad de ambos y, por tanto, hay un equilibrio entre las dos cargas.

3. ¿Qué pasa cuando un átomo tiene menos electrones?

Entonces busca otro átomo que tenga electrones de más para que le pueda compartir o transferir[5] uno de los extras que tiene (y así ambos quedan estables). Y cuando un electrón es compartido por ambos átomos, entonces ya quedan unidos (combinados o enlazados) para formar una molécula, y así, de esa forma se pueden ir uniendo otros átomos para formar una cadena.

A estas cadenas de átomos es a lo que se les llama moléculas, y entre más grande es la cadena, la molécula se vuelve más compleja. Veamos dos ejemplos:

Ejemplo 1: un enlace simple.

Enlace covalente de carbono e hidrógeno

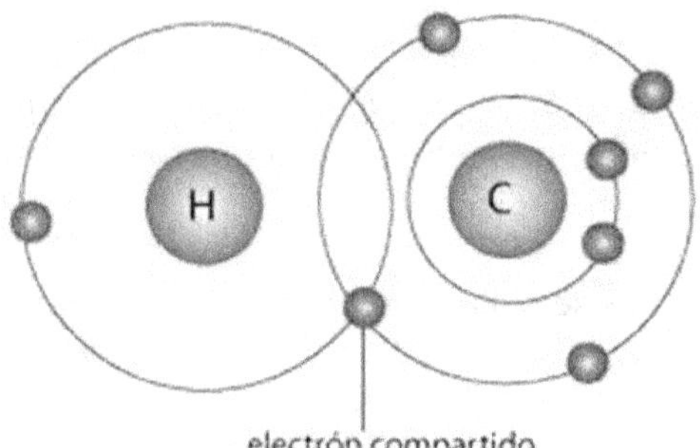

Aquí tenemos la unión de un átomo de hidrogeno con uno de carbono mediante un electrón compartido, y así formar una molécula orgánica de hidrocarburo.

---

5 Cuando el electrón es compartido por dos átomos, entones se llama **"Enlace Químico Covalente"**. Y cuando el electrón no es compartido, sino, transferido, entonces se llama **"Enlace Quimio Iónico"**.

También aquí, ya podemos aclarar los siguientes conceptos:

- **Se llama carga eléctrica,** simplemente cuando una partícula no está en equilibrio y tiene por tanto una diferencia de carga (que es positiva cuando tiene menos electrones y negativa cuando tiene de más).

- **Campo electromagnético:** es el área de alcance que tiene una partícula con carga eléctrica (+ o -) para poder atrapar a otra de carga contraria y lograr equilibrarse.

- **Fuerza electromagnética:** es el nivel de fuerza de atracción que existe entre las dos partículas para unirse.

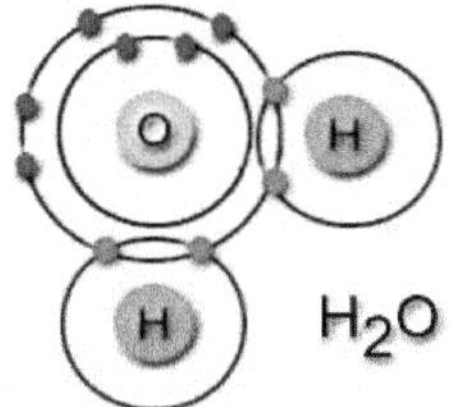

Ahora tenemos "El agua" que ya está formada por dos átomos de hidrógeno (H) y uno de oxígeno (O)

Ejemplo 2: una cadena más compleja.

Aquí es la unión de diversos átomos que forman ya una cadena mediante electrones compartidos, y así formar la molécula de aminoácido.

2.6 ¿Cómo se formó la célula?

- Una vez formadas las moléculas de aminoácidos se comienzan a fabricar las proteínas (vitales en los seres vivos).

  Esto sucede cuando se unen las moléculas de aminoácidos y forman una cadena llamada polipéptidos. Cuando la cadena de polipéptidos ya supera los 50 aminoácidos, entonces ya se llama "Molécula de Proteína".

- Otras cadenas de moléculas pequeñas también dan origen a otros tipos de moléculas orgánicas más complejas, como los nucleótidos (formados por una base nitrogenada, un grupo de fosfato y un azúcar).

- La cadena de nucleótidos conllevo a formar "El ácido nucleico" y este a su vez formar (entre otros) al Ácido Ribonucleico (ARN), que ya logra desarrollar la capacidad de autorreproducirse y con lo cual se marca el inicio de la vida.

- Luego se estima que todos estos compuestos orgánicos creados acabaron por agrupare entre ellas formando diminutos lóbulos protocelulares (bultos de moléculas aglomeradas que fueron los posibles ancestros que dieron origen a las células).

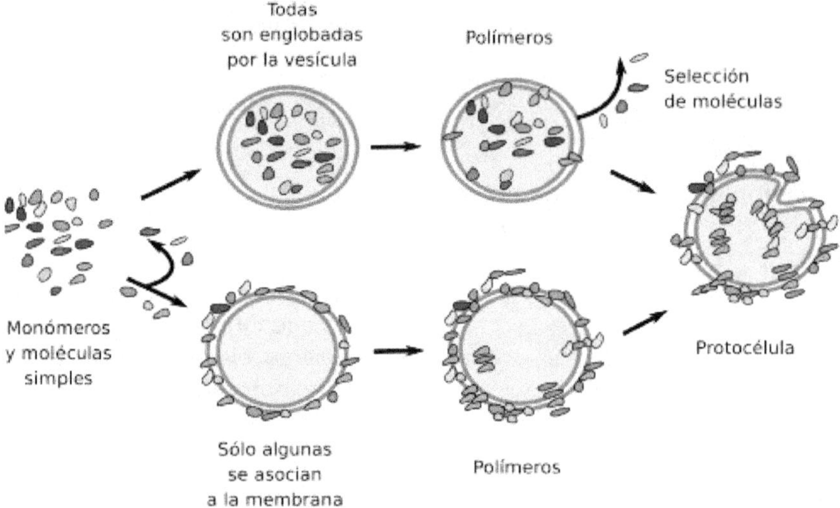

- Y se considera que gracias a estos lóbulos protocelulares es que surge, hace 3,500 millones de años, los primeros signos de vida primitiva en los fondos marinos con la aparición de las primeras células procariotas (sin núcleos, pero ya capaces de realizar los procesos vitales de nutrición y reproducción).

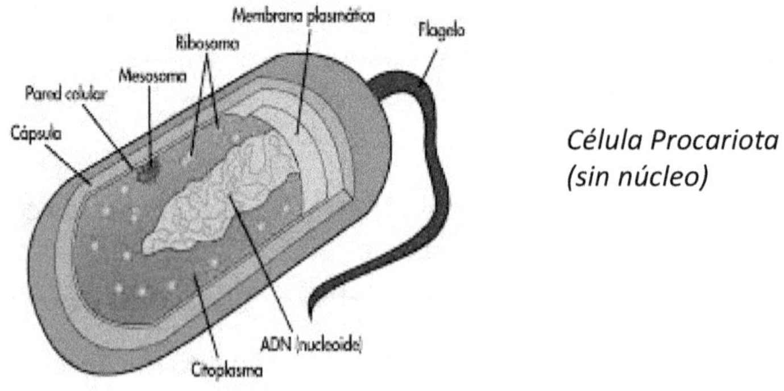

Célula Procariota
(sin núcleo)

- Y posteriormente, a los 2,000 millones de años, el oxígeno comenzó a acumularse en la atmósfera, lo que hizo posible el surgimiento de la vida fuera del agua. Y a los 1,800 millones de años surgen ya los organismos eucariontes, formados ya por células con núcleos que evolucionaron de las procariotas que no tenían (ver en anexo 3 detalle más técnico de la formación de la célula).

Célula Eucariota (ya con núcleo)

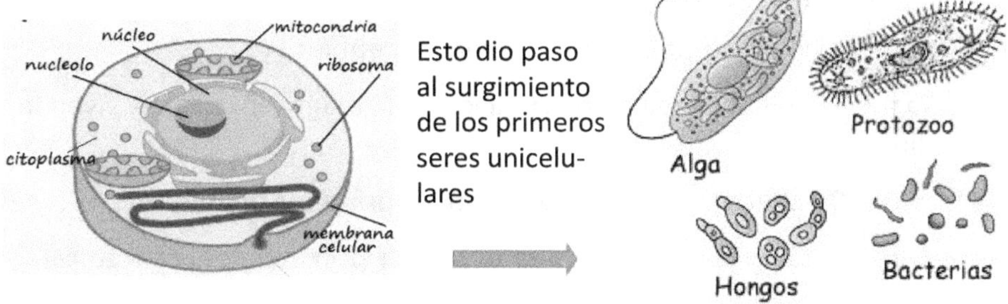

Esto dio paso al surgimiento de los primeros seres unicelulares

2.7 ¿Cómo surgió la vida compleja y el ser humano?

- Luego, a los 670 millones de años aparecen los primeros seres pluricelulares con cuerpos blandos, tales como: algas, medusas, plumas de mar, etc.

- A los 440 millones de años (ya en la era paleozoica) aparecen las primeras plantas y animales terrestres (surgiendo primero la vida en el mar y luego trasladada a la tierra).

- A los 400 millones de años aparecen los primeros árboles y animales anfibios (primeros vertebrados terrestres).

- A los 320 millones de años aparecen los reptiles.

- Ya a los 220 millones de años (inicios de la era mesozoica) ya viven los dinosaurios.

- A los 220 millones de años aparecen los primeros mamíferos.

- A los 65-40 millones de años aparecen los primates (era cenozoica).

- A los 15 millones de años aparecen los homínidos (una de las dos familias de monos en que se dividió el grupo de los primates y de los cuales se supone comenzó la evolución del hombre).

- A los 4 millones de años apareció el Australopithecus, que luego dio lugar al Homo habilis: el primer espécimen del género Homo, al que pertenecemos los humanos modernos.

- A los 2.5 millones de años aparece el género Homo dispersándose gradualmente por África, Europa y Asia.

- A los 1.5 millones de años (ya era cuaternaria) surge el Homo Erectus, ejemplo de este son el Hombre de Java (700 mil años) y el Hombre de Pekín (400 mil años).

- A los 250 mil años surge el Homo sapiens (aquí pertenece el Homo sapiens neanderthalis).

- Y finalmente, hace 50-40 mil años aparece el Homo sapiens sapiens, especie a la que pertenecemos y dentro del cual pertenece el hombre de Cro-Magnon de hace 32 mil años (ver en anexo 4 resumen de las cuatro etapas que formaron la vida).

Conclusión del punto 2:

Se evidencia con lo abordado hasta aquí, que todo cuanto existe en el universo se crea a partir de las partículas elementales creadas del big-bang (electrones, fotones, quarks que son consideradas partículas de energía), la cuales bajo un simple proceso de agrupación fueron dando forma a toda la materia que vemos (galaxias, planetas y nosotros mismos), razón por la cual es que decimos que al final todo está formado de energía.

Ahora veremos que el universo mismo es también un campo energético.

3. El universo es también pura energía

Actuales descubrimientos, indican que el universo está en constante expansión y que esta expansión se está acelerando cada vez más (según mediciones realizadas en 2003 y 2006 por el satélite WMAP), la pregunta ante esto es: ¿Qué está provocando esta expansión del universo y su ritmo cada vez más acelerado?

3.1 La energía oscura

Como respuesta, los científicos indican que para que esto se esté dando, debe existir una fuerza externa que está provocando este estiramiento. A esta fuerza misteriosa se le ha llamado "Energía Oscura" y se le llama oscura ya que ha sido difícil su comprobación y más aún, conocer su fuente de origen. Sin embargo, se asume que existe porque solo eso explicaría actualmente la expansión acelerada del universo.

Además, se estima que la energía oscura representa el 73% del universo, llenando todo el espacio vacío existente de manera uniforme, ya que, según la ciencia, el vacío absoluto no existe (siempre hay fluctuaciones energéticas intrínsecas en cada lugar, nunca es cero) y esto hace que su densidad aumente con el tiempo y sea la posible causa de la expansión acelerada del universo.

No obstante, ante esta expansión acelerada del universo ocurre un fenómeno:

Que, si la aceleración continúa aumentando lograría superar la fuerza de gravedad que une al universo y, por tanto, el universo se destruiría en unos 20.000 millones de años (este hipotético escenario se le llama "El Big Rip o El Gran Desgarro).

Sin embargo, se ha observado que la aceleración actual es a la vez frenada por otra fuerza contraria que evita que se produzca ese desgarre y por consiguiente sigamos existiendo. Esta otra fuerza que modera (frena) la expansión acelerada, es producida según la ciencia, por la existencia de lo que llaman "La Materia Oscura".

3.2 ¿Qué es la materia oscura?

Antes de responder esta pregunta, hay que aclarar primero que conforme la ciencia existe dos tipos de materia:

> **La materia visible:**

Que es todo lo vemos (los planetas, las estrellas, las galaxias, nosotros mismos y las cosas de nuestro mundo, etc.) pero que solo representa el 4% del universo, por lo que no podría generar la fuerza de gravedad requerida para poder contrarrestar la expansión acelerada del universo.

> **La materia oscura:**

Es un tipo de materia hipotética (aun no confirmada[6]), que no es visible (ya que no emite luz) y que se supone inunda todo el espacio, con-

---

6 De momento, la teoría más aceptada es que la materia oscura está compuesta de neutrinos, que son partículas de masa nula (o casi nula), que no tienen carga y no siente la fuerza nuclear fuerte, ni la fuerza electromagnética, por lo que pueden atravesar cualquier objeto sin dificultad, los que los hace muy difíciles de detectar. Además, su abundancia es tal, que se calcula que por cada átomo existente hay como mínimo cien millones de neutrinos que emanan de las reacciones nucleares del interior de las estrellas y son impulsados a la velocidad de la luz. Por estas características, podemos decir que en este instante que usted lee esta línea, millones de neutrinos por segundo están atravesando su cuerpo a la velocidad de la luz sin que usted lo sepa.

formando el 23% del universo según estimaciones, por lo cual, esta sí podría generar la fuerza de gravedad necesaria para poder moderar la expansión acelerada del universo. Y aunque no ha sido verificada, se puede contactar su existencia por los efectos gravitacionales que causa en la materia visible, por ejemplo, mantener unidas las galaxias, ya que, de lo contrario, eso no podría ser posible.

Basado en estos aspectos indicados, podemos resumir en este punto lo siguiente:

1. Que hay dos tipos de fuerzas, una que empuja al universo hacia dentro y otra que lo empuja hacia fuera, tal como lo muestra la figura siguiente:

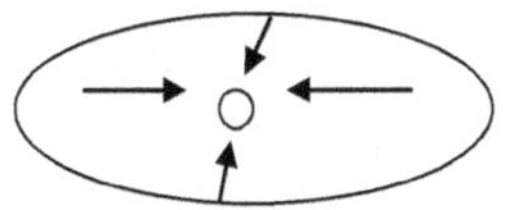

Fuerza de gravedad que contrae
y mantiene unido al universo
debido (teóricamente) a la
existencia de la materia oscura

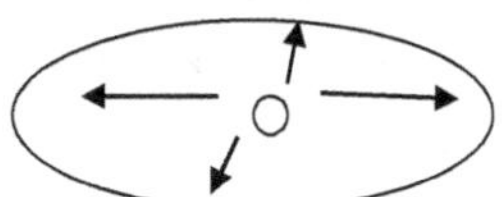

Fuerza que provoca el estiramiento
o expansión acelerada del universo
debido (teóricamente) a la
existencia de la energía oscura

Ambas bajo un leve equilibrio que permite mantener la existencia del universo en la forma actual.

2. Que todo el universo es 100% pura energía, ya que la conformación final del universo (basado en la ciencia) es la siguiente:

- ✓ 73% formado por la energía oscura.

- ✓ 23% formado por la materia oscura.

- ✓ Y 4% formado por la materia visible (todo lo que vemos).

Y como ya abordamos en los puntos anteriores, la materia está constituida de partículas elementales, que son finalmente partículas de energía, lo que nos lleva como resultado a la siguiente ecuación:

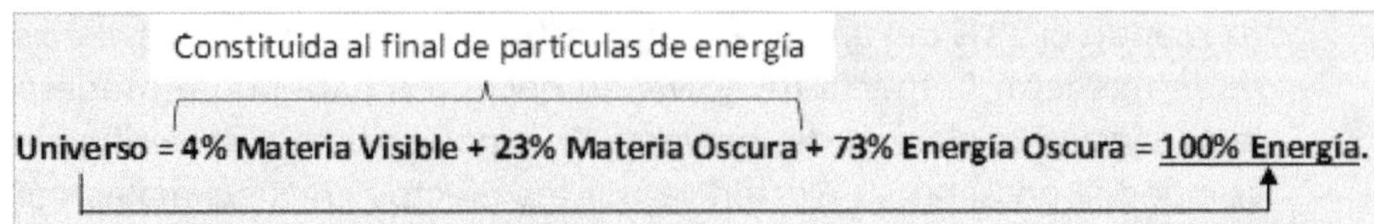

Vale vincular aquí "La ley de la Conservación de Materia" la cual indica que todo se transforma de energía a masa y de masa a energía. Ya que nada se pierde, solo se transforma, por lo que la materia es también un derivado de la energía. Esto ocurre así:

- o Según la física cuántica, el fotón (haz de luz o energía) puede actuar como partícula en ciertas condiciones y como una onda energética en otras.

- o Cuando actúa como partícula, puede ser una simple partícula de luz o bien, si tiene mucha energía convertirse en un electrón, un quarks o un gluon que luego formaran la materia (protón, neutrón, átomo, molécu-las, etc.)

- o Luego, la materia se desintegra nuevamente en sus continuas subpar-tes bajo el proceso inverso hasta transformarse otra vez en energía, creando un ciclo según el siguiente esquema:

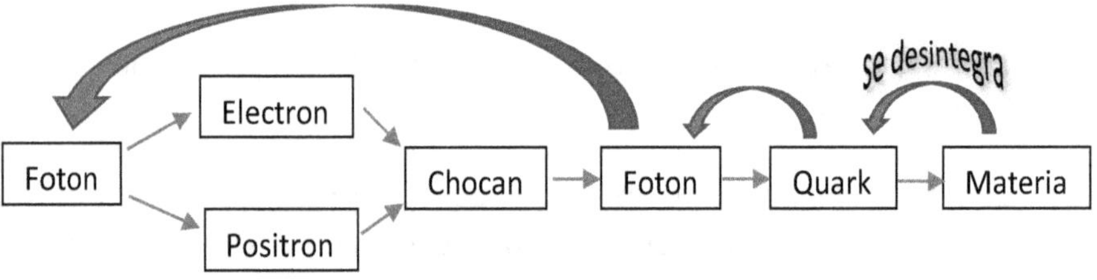

Esto sustenta que todo en el universo es siempre la misma energía, siendo la materia solo un estado más de la energía. Ya Einstein lo planteó en su famosa fórmula: $E = mc^2$ (donde la energía se convierte en masa y la masa en energía).

Esto respalda nuevamente que todo está formado de energía y que somos parte de ella.

RESUMEN DEL CAPÍTULO I

En este primer capítulo se demostró que todo cuanto existe está formado al final de partículas de energía, y el cómo estas forman luego las partículas elementales que crean después la materia, tales como las nebulosas, las galaxias, los planetas y la vida misma bajo un proceso secuencial (incluidos nosotros mismos).

Ahora abordaremos en los siguientes capítulos dos nuevos aspectos interesantes:

1) Veremos que las leyes que rigen el universo son semejantes a nuestros valores humanos y procesos sociales, por tanto, son leyes universales que rigen todos los aspectos de la vida (físicos, humanos, sociales)

2) Que estas leyes se rigen al final por una sola ley o valor único universal (la ley del todo) llamado Amor. Conllevando a considerar que el universo es guiado por un factor consciente (no azaroso).

Procedamos a demostrar estos aspectos:

1. Las leyes que nos rigen

El universo, la naturaleza y la vida misma, está regida por un conjunto de leyes físicas naturales, tales como, la ley de la gravedad, ley de inercia, ley de la termodinámica, etc. Sin embargo, muchas veces olvidamos que todo en la naturaleza actúa bajo determinados principios básicos que no se pueden perturbar abruptamente, ya que llevaría a generar distorsiones sobre otros factores, hasta formar un círculo nocivo cada vez mayor.

Estos principios básicos son además (tal como veremos) transversales a todas las actividades humanas que realizamos (en lo administrativo, económico, político, científico, psicológico, etc.) ya que todo es un sistema, por consiguiente, el no vivir ajustados a estos principios básicos genera desestabilización en los aspectos naturales, materiales y espirituales, lo que nos lleva siempre a la necesidad de volver a buscar la estabilidad de las cosas.

El olvido de estas leyes o principios se debe al erróneo esquema intelectual inculcado, así como de nuestros impulsos irracionales que nos llevan a una incorrecta conducción y equivoca comprensión de la naturaleza de las cosas (externas e internas).

Ahora veamos cuales son estas leyes naturales o principios básicos sobre lo cual se rige todo cuando existe y que muchas veces olvidamos ajustarnos a ellas, siendo estas:

➢ <u>Que todo opera bajo un sistema:</u> Ya que todo está interrelacionado y todo lo que existe necesita de esta interrelación para existir, por ende,

➢ <u>Nada es autónomo en la vida:</u> No existe nada que sea absolutamente autosostenible o totalmente independiente, siempre existe una interdependencia con otros factores.

➢ <u>Ley de la Integridad:</u> Cada cosa es parte de un todo, todo es una pieza necesaria de algo.

Ejemplo: si desarmas el motor de un auto en mil piezas y luego al armarlo te sobra una pequeña pieza (una tuerca o un anillo de empaque, etc.) ¿Qué pasara? ¿funcionara bien el vehículo? ¿te irías confiado en él? Y aunque tal vez al inicio no afecte, ¿Qué crees que sucederá luego?

Por tanto, todo es una parte integral de un algo. Esto nos conduce a que...

➢ **Toda cosa tiene un rol y una función específica necesaria:** Nada existe por existir, sin razón ni motivo, todo tiene una función y un aporte a la funcionalidad de algo mayor (lo que lo hace su razón de ser), por muy pequeña o insignificante que parezca ser una parte, tiene una función específica que cumplir. Esto nos lleva a...

➢ **La ley de la proporcionalidad e igualdad de importancia:** Todo tiene un nivel de participación, unos en grandes cantidades y otros en pequeñas porciones, sin embargo, todos tienen el mismo nivel de importancia. El abundante no es más indispensable que el de menor cuantía. Con la más leve variación en la proporción de cada uno, se distorsiona todo el sistema.

Ejemplo: Nosotros como humanos necesitamos por lo general comer varias onzas de carne al día para suplir la necesidad de proteínas en nuestro cuerpo, por el contrario, necesitamos tan solo unos cuantos gramos de sal por día para suplir la necesidad de yodo.

Sin embargo, aunque requiramos mucha más cantidad de carne que de sal, ambas son igual de importante, ya que, si no adquirimos esos pocos gramos de sal al día nos exponemos a serias consecuencias de salud. Lo mismo pasa sino suplimos la cantidad de proteínas diarias. Por tanto, aunque la proporción de cada uno sea muy diferente, ninguno es más importante que el otro.

Por consiguiente, si proporcionamos más de lo requerido es malo y si es menos también, esto nos lleva a la siguiente ley.

➢ **Todo tiene un balance, un punto de equilibrio:** El más pequeño desajuste, por mínimo que sea, crea una distorsión, que genera un efecto en cadena de otros factores entrelazados. Esto es igual para los ecosistemas, la salud del cuerpo, la sostenibilidad empresarial, para los factores que crean la vida, para una relación social, etc. por tanto...

➢ **Todo tiene un rango permitido de flexibilidad:** ya que sabemos que cuando un elemento se desajusta afecta a todo el sistema, pero también sabemos que en todo existe un rango de tolerancia dentro del cual se puede efectuar un proceso de autoajuste (como una reacción instintiva natural).

Pero si caemos fuera de ese rango de tolerancia, entonces la distorsión ya sobrepasa la capacidad de autoajuste y en ese caso, ya se vuelve necesario la influencia de otros factores (internos o externos) para efectuar el ajuste y volver al equilibrio anterior. Un ejemplo de esto han sido las crisis económicas y sus políticas de rescate de los gobiernos; las revoluciones sociales surgidas como factores de corrección ante las distorsiones creadas por los sistemas dictatoriales, etc.)

Otro ejemplo es la creación de la vida misma, que necesita de un conjunto de factores en una relación ya establecida, y si uno de estos factores se sale de su rango permitido la vida misma no sería posible (por ejemplo, un desajuste de la distancia de la tierra al sol, o de la velocidad de rotación de la tierra, etc.)

➢ **Nada es estático, todo es dinámico:** todo está en continua creación y movimiento. La vida está en continua evolución, todos los procesos están en continua transformación para su mejoramiento, lo que lleva a que...

➢ **Todo está sujeto a un proceso:** de renovación, de reconversión, de transformación, de evolución e involución. Estos procesos llevan etapas y tiempos determinados, generando gradualmente un producto.

Como resultado de este proceso se van generando saltos cuantitativos a cualitativos que conllevan a un desarrollo en espiral, donde podemos volver al punto original pero cada vez más perfeccionados. Esto nos lleva a la ley dialéctica de la negación de la negación, donde cada salto evolutivo niega la etapa anterior inferior. Sin embargo, estos procesos nos vinculan a la siguiente ley...

➢ **Nada se puede cambiar bruscamente:** porque todo está sujeto a un proceso gradual de cambio, que se va generando poco a poco como resultado de una nueva necesidad o conciencia que van conduciendo a una nueva adaptabilidad o adopción. Pero estos procesos no se pueden obviar ni alterar bruscamente, ya que saltos bruscos generan distorsiones y/o reacciones de resistencia bruscas. Por consiguiente, caemos a otra ley…

➢ **Toda acción genera una reacción:** Porque toda fuerza en un sentido tiene una fuerza contraria a ella. Por eso…

➢ **Todo está sujeto a la ley de la unidad y lucha de los contrarios:** que, cuando los contrarios son diferentes, pero no antagónicos, conllevan al desarrollo; pero cuando son realmente antagónicos conducen al riesgo de un exterminio conjunto.

No obstante, la naturaleza y las sociedades actúan bajo el principio de unidad y lucha de contrarios para crear la evolución. Así que, para crear los grandes cambios y buscar el orden de las cosas, se debe buscar los puntos de identidad y unidad de los contrarios.

➢ **Todo es un círculo, cualquier punto puede ser principio y fin:** ya que, dentro de la dialéctica del desarrollo en espiral, cualquier punto puede ser un punto de partida y de final para cualquier proceso en movimiento. Así que…

➢ **Sobre la base de la imperfección se va logrando la perfección:** recordemos que todo proceso se va perfeccionando en la medida que se va aprendiendo de él, detectando las imperfecciones para hacerlo cada vez más efectivo.

Nosotros mismos como sociedad humana, hemos venido caminando por ese proceso, pasando de una sociedad primitiva, esclavista, imperial, colonialista, etc. a una sociedad cada vez más humanizada e institucionalizada (por ejemplo, hemos pasado del circo romano sangriento de ayer, al Cirque du Soleil de hoy).

Es por lo que digo que…

➢ **El mal tiende al bien:** ya que toda base de mal tiende con el tiempo a engendrar dentro de sí mismo su antítesis, que lleva a un salto cualitativo superior producto de la experiencia y aprendizaje adquirido. Así es que hemos pasado, por ejemplo, de la inquisición a la tolerancia religiosa; del racismo a la inclusión; de los sistemas dictatoriales a los demo-cráticos; de las guerras mundiales al nacimiento de las naciones unidas y los derechos humanos; etc.

- ➤ **Nada se elimina, simplemente todo se transforma de una cosa a otra:** por ejemplo, la masa y la energía; los procesos industriales; etc.

- ➤ **Todo tiende a tener un tope:** esto lo indica la ley del crecimiento decre-ciente, la cual dice que por mucho que sigamos incentivando algo, su posterior crecimiento será cada vez menor.

- ➤ **Todo tiene un proceso de causa y efecto:** por ende, un desajuste en algo (causa) provoca un efecto en otro factor.

- ➤ **La ley de la reacción en cadena o efecto domino:** al caer la primera pieza tienden a caer las demás.

- ➤ **La ley de la afinidad o sinergia:** (toda cosa va a fin a otra) un cuadro no calza dentro un triángulo. Un perverso apoya a otro perverso, un justo a otro justo. Un justo no puede apoyar a un perverso.

- ➤ **La ley de lo opuesto:** matemáticamente elementos opuestos se recha-zan y dan efectos negativos (+ x - = -); en cambio elementos iguales se atraen y dan efectos positivos (+ x + = +) o bien (- x - = +).

En este sentido, si dos fuerzas se unen para un fin, el producto será po-sitivo a ellas (la unidad de las fuerzas sin importar que el fin sea bueno o malo). Por ejemplo, si dos partidos corruptos se unen para gobernar, van a crear un sistema impune favorable a ambos. Y, por el contrario, si dos esfuerzos sociales se unen para crear un cambio, entonces sus resultados serán mayores.

Así también hay otros patrones matemáticos descubiertos en la natura-leza, que ya determinan un patrón en muchos procesos naturales, tales como el número áureo, la serie de Fibonacci[7], la geometría fractal[8]. Por lo cual conlleva a la ley...

---

7 Esta sucesión no tendría nada de particular sino fuera porque aparace repetidamente en la naturaleza (en muchas estructuras y procesos).

8 En 1977, B. Mandelbrot, en su obra "The fractal Geometry of Nature" indica que las formas de la naturaleza son fractales y que múltiples procesos de la misma se rigen por comportamientos fractales.

➢ **<u>Todo es un sistema caótico determinista:</u>** ya que, dentro del caos, la naturaleza siempre se guía por patrones que conducen a su único fin "la creación de la vida" (ver ampliado este punto en el capítulo IV).

Bien, aunque puede haber más leyes que en este momento tal vez omito, usted puede, sin embargo, notar que todas estas leyes indicadas, están relacionadas a cualquier proceso que vivimos a diario (naturales, administrativos, económicos, sociales, políticos, científicos, psicológicos, etc.)

Por tanto, podemos decir que la naturaleza no es entonces un simple conjunto de fenómenos aislados (la percepción tradicional), sino un sistema vivo de leyes que nos rigen a diario en todo.

Ya Newton los señalaba en sus postulados:

- Principio de regularidad: la naturaleza no hace nada en vano, todo tienen un fin y un rol.

- Principio de continuidad: la naturaleza no da saltos, todo es un proceso, nada es brusco.

- Principio de conservación: nada se crea ni se destruye, todo se transforma.

- Principio de mínimo esfuerzo: la naturaleza actúa siempre por el camino más fácil. Esto nos lleva a la teoría del CAOS, que indica que la vida siempre se abre paso aun en las circunstancias más adversas.

2. La transversalidad de las leyes naturales

En este punto tendremos más ejemplos de cómo estas leyes naturales están presentes en cada uno de los procesos que realizamos, sustentando así su transversalidad a todo lo que existe.

2.1 Las leyes naturales y su semejanza al enfoque administrativo.

Observemos ahora cuales son las similitudes entre los enfoques administrativos y las leyes naturales:

Los ejes del enfoque administrativo:	Similitud con las leyes naturales:
Enfoque de Sistema.	La naturaleza actúa también bajo un sistema, nada es autónomo.
Enfoque de contingencia (que es estar preparado a enfrentar situaciones posibles a suceder).	Aquí tenemos la teoría del caos, que dice que la vida siempre se abre paso ante las circunstancias adversas del medio.
El enfoque de balance y punto de equilibrio.	Igualmente, en la naturaleza todo tiene un balance y un equilibrio.
Enfoque de proceso y rangos establecidos para un adecuado funcionamiento y calidad del proceso mismo.	También aquí todo es un proceso, nada es de golpe. Y para cada cosa hay un rango permitido de flexibilidad.
Enfoque de reingeniería.	La naturaleza tiene un proceso de reingeniería constante, ya que todo está sujeto a cambio, transformación, evolución. Nada es estático, todo es dinámico.
Enfoque de funcionalidad (cada cosa debe funcionar como debe para ser parte de un proceso).	En la vida todo tiene un rol y una función específica (nada existe sin un fin). Nada hay demás ni de menos. Lo que no se usa se aparta.
Enfoque de racionalidad (maximizar los recursos, manejo de subproductos, reciclaje, etc.)	En la naturaleza todo tiene su medida y nada se elimina, todo se transforma. La naturaleza actúa siempre por el camino más fácil (funcionalidad y racionalidad).

Enfoque de causa-efecto (todo problema tiene una causa y un efecto que hay que solucionar).	Ley de causa-efecto (distorsiona un factor del sistema y este se afecta).
Enfoque de retroalimentación para el fortalecimiento.	Sobre la base de la imperfección la naturaleza va logrando la perfección (evolución).
El enfoque de trabajar la resistencia al cambio.	En la naturaleza todo está sujeto a un proceso gradual de cambio. Los cambios bruscos generan fuertes distorsiones, con una fuerza contraria a la generada.
El enfoque de adaptación al cambio.	En la naturaleza, los seres vivos se van adaptando paulatinamente a los cambios de su entorno, ocasionando un proceso evolutivo gradual.

Sobre la base de este cuadro comparativo, podemos también decir que hay una gran semejanza entre las leyes naturales que rigen los procesos de la vida y los principios administrativos.

Ya que lo único que hemos hecho (sin darnos cuenta) es derivar los principios administrativos de los principios naturales, ¡así de simple! (lo mismo ha sido en lo económico y en lo social como se indica a continuación).

2.2 La aplicación de las leyes naturales al aspecto económico.

Veamos:

- **El mercado es un sistema:** si no hay comprador, no hay vendedor; ya que si no hay capacidad de consumo no hay mercado. Y el empresario no gana si no vende.

- **Todo debe tener un equilibrio:** Si hay un fuerte desequilibrio entre la oferta y la demanda se genera una crisis, igual sucede entre los egresos e ingresos (ya sea de un país, una empresa o un hogar).

Además, los desequilibrios extremos conducen a caos (ejemplo de esto han sido los imperios, las dictaduras, el esclavismo, etc. donde todos han caído por el propio peso de sus distorsiones generadas).

- **Todo está bajo un proceso de transformación y evolución:** igual los sistemas sociales y productivos, al pasar de esclavismo a feudalismo, de capitalismo a socialismo; etc. ya que la sociedad es dinámica, no estática.

- **Los RR.NN. y la capacidad productiva no es infinita, hay un crecimiento decreciente.**

- **Todo tiene un rango permitido:** la economía misma está sujeta a esta ley.

  Por ejemplo, tener mucho crecimiento (por tener tasas de interés muy bajas) se torna contraproducente, ya que puede generar un sobrecalentamiento económico y esto llevar a una posterior depresión; y a la inversa es igual, si el crecimiento es muy bajo, también puede generar una crisis. Por eso, el crecimiento se debe regular dentro de un margen aceptado.

Basado en estos aspectos indicados, vemos que la economía se ajusta a los mismos principios o leyes naturales. Ya que la economía busca también el punto de equilibrio entre la oferta y la demanda; el balance en las cuentas nacionales; la funcionalidad de la macroeconomía como un sistema; el uso racional de los recursos y la eficacia productiva ante la ley de los crecimientos decrecientes; la evolución de los modelos económicos; los rangos óptimos para cada factor económico; la medición de las distorsiones y la búsqueda de la relación causa-efecto; estudia el rol que juega de cada factor (sea grande o pequeño) en la conformación de la riqueza social; etc.

Entonces ¿Hay o no hay una similitud entre las leyes físicas naturales y los principios económicos?

2.3 La aplicación de las leyes naturales a la dinámica social.

- Ya Newton plantea que todo cuerpo conserva su estado de reposo o movimiento rectilíneo, siempre y cuando no se vea obligado a cambiar su situación por la influencia de una nueva fuerza impresa.

  La aplicación social seria, que los avances de la ciencia nos hacen cambiar nuestra percepción del mundo y de nuestros preceptos, creando una nueva conciencia (la nueva fuerza impresa) que hace cambiar el estado conservador de la sociedad en cada etapa histórica.

- Newton también dice que el cambio de movimiento es proporcional a la fuerza motriz impresa. Así que, mientras mayor es el nivel de conciencia que alcanzamos, más radicales son los cambios que generamos.

Como observamos, aquí también hallamos una aplicación de los principios naturales a los sociales y los mismos podemos hallarlos en todos los aspectos de nuestras vidas.

En lo psicológico, por ejemplo, podemos decir que una persona tiene una personalidad estable cuando sus emociones están en completo balance consigo mismo y su entorno. Pero ese equilibrio emocional se rompe cuando algún factor distorsiona todo su sistema establecido. Igual situación podemos aplicar en los ecosistemas, en las normas nutricionales, etc.

Por tanto, de todo esto podemos derivar la primera relación de este capítulo:

Relación 1: Leyes Naturales = Sistema Administrativo/Social

Basado en esto, podemos decir que al final, solo basta observar la naturaleza para comprender las normas sobre las cuales nosotros también nos debemos regir. Así que, cuando queramos buscar la respuesta de algo, debemos iniciar por observar la naturaleza y de ahí derivar nuestras respuestas (desde lo más pequeño a lo más grande). ¡Tan simple como eso!

3. Las leyes naturales y su semejanza a los valores positivos del ser humano.

Veamos ahora esta otra relación:

- La ley natural de que todo tiene un balance (un punto de equilibrio), se asemeja a los valores de igualdad y equidad, ya que con ellos buscamos un balance justo en la relación de los seres humanos (ninguno más que el otro) y un balance justo en la distribución de las riquezas (todos con iguales oportunidades y beneficios).

- La ley natural de proporcionalidad, también semejante a los valores de justicia, equidad, igualdad e inclusión, ya que estos valores nos conducen a reconocer que cualquier grupo social es igualmente importante al resto (por muy pequeña sea su representación como grupo minoría), ya que esto no impide que tengan iguales derechos que los demás grupos mayoritarios.

- La ley natural de que nada es estático y que todo está en movimiento bajo un proceso constante de transformación, es semejante al desarrollo evolutivo social que hemos experimentado como seres humanos.

Un ejemplo de esto son todos los modelos productivos sobre los que hemos pasado (primitivismo, esclavismos, feudalismo, capitalismo, socialismo). Al igual que las diversas etapas culturales que hemos vivido (el renacimiento, el romanticismo, el racionalismo, la ilustración, el modernismo, etc.)

Este dinamismo transformador se ha debido a los constantes cambios de concepciones y valores que hemos venido apropiando a través del desarrollo de nuestra conciencia social, y gracias a la cual ya hemos logrado pasar de las quemas de herejes a la tolerancia religiosa; de la discriminación racial a los derechos civiles; de los imperios a las democracias; etc.

Por tanto, podemos decir que este dinámico proceso de transformación en el espíritu del hombre es igual al proceso de transformación continua de la naturaleza, la cual camina gradualmente del caos al orden y de lo imperfecto a lo perfecto, siendo el proceso sobre el cual nosotros (como seres humanos) seguimos caminando.

- La ley natural de que todo tiene un rango de flexibilidad (margen permitido) y que todo tiene un rol y una función, es análogo a los valores de respeto y tolerancia del ser humano. Y que cuando se sobrepasa ese margen, se genera una distorsión que se debe autoajustar.

  Como ejemplo vale recordar que cuando un sistema distorsiona esos valores (humanos y democráticos), se crean las revoluciones sociales para ajustarlo y volverlo a encausar a esos principios.

- La ley de que la vida siempre se abre paso ante las circunstancias, semeja los valores de compasión, solidaridad, fortaleza, creatividad e innovación del ser humano, que, ante cualquier adversidad siempre se abre paso para resurgir y seguir adelante (y cada vez mejor).

- La ley natural de que todo es un sistema y que nada es independiente, ni autónomo, ni autosostenible.

  Esta ley induce al valor de humildad del ser humano, cuando reconocemos que somos parte y dependemos de un sistema (que no somos los dioses todopoderosos, ni arrogantes que no necesitamos de nada o de nadie).

  Además, si bien por un momento podemos ser necesarios, al final nada es imprescindible, todo se sustituye, cambia o se transforma por simple principio de subsistencia del propio sistema. ¡simple!

- Tenemos ahora la ley de que nada se puede cambiar bruscamente, porque todo está sujeto a un proceso de cambio gradual, basado en el desarrollo continuo de la conciencia y porque, además, los saltos bruscos generan reacciones bruscas de resistencia. Esto semeja a los valores humanos de mansedumbre, comprensión y paciencia.

  La biblia ya lo dice en 1 Corintios 15,46: Mas lo espiritual no es primero, sino lo animal; luego lo espiritual.

Todas estas analogías vistas, las podemos resumir en el siguiente cuadro:

<u>Valores del ser humano:</u>

<u>Leyes Naturales:</u>

➢ Equidad e Igualdad → ➢ Todo tiene un balance (un punto de equilibrio)

➢ Justicia Social → ➢ Ley de la proporcionalidad (todos con igual importancia independiente de su dimensión)

➢ Respeto y tolerancia → ➢ Todo tiene un rango de flexibilidad (un margen permitido)
➢ Todo tiene un rol y una función

➢ Compasión
Solidaridad
Creatividad
Innovación → ➢ La naturaleza y la vida siempre se abre paso ante las circunstancias.

➢ Mansedumbre
Comprensión
Paciencia → ➢ Nada se puede cambiar <u>bruscamente,</u> todo está sujeto a un proceso gradual de cambio que parte de una necesidad, una conciencia, una adaptabilidad y finalmente una adopción. Este proceso no se puede alterar bruscamente, ya que saltos bruscos generan distorsiones y/o reacciones de resistencia bruscas.

➢ Humildad → ➢ Nada es independiente, ni autónomo, ni autosostenible, ni imprescindible (todo es un sistema donde un elemento particular depende de la conjugación del resto, y donde todo se sustituye, cambia o se transforma por simple principio de subsistencia del propio sistema).

➢ Espíritu creador → ➢ Todo es dinámico (nada es estático)
➢ Todo es un proceso (con evolución en espiral que va del caos al orden; de lo imperfecto a lo perfecto).

Conforme este cuadro, podemos concluir que realmente existe una analogía entre los valores del ser humano y las leyes naturales que nos rigen, con lo que podemos derivar la segunda relación de este capítulo:

Relación 2: Valores Humanos = Leyes Naturales

4. Analogía entre Amor y Valores

Ahora veamos ¿Qué es el Amor?

Podemos decir que Amor es el sentimiento de consideración, respeto y buenas intenciones que tenemos hacia los demás y todo lo que nos rodea, sintiéndonos parte de ellos y comprometido a ello.

Por tanto, no se limita solo al sentimiento natural e innato que tenemos hacia un ser en particular (una madre, un padre, una esposa o esposo, un hijo, hermano, etc.), si no también, al conjunto de principios y valores[9] que este sentimiento engloba y que debemos reflejar hacia los demás.

Para comprenderlo mejor, podemos decir que el amor es en analogía como un rayo de luz, el cual cuando pasa por un prisma se disgrega en diferentes colores. Así mismo es el Amor, un sentimiento general que en el ser humano se manifiesta en diferentes valores, tal como lo muestra la siguiente figura:

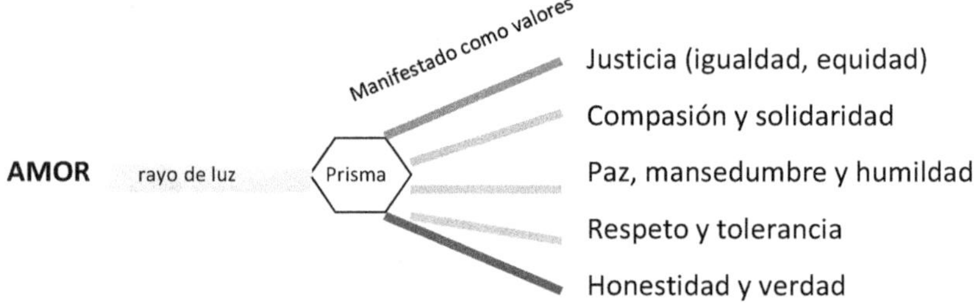

Por tanto, los valores del ser humanos (igualdad, respeto, justicia, compasión, etc.) no son más que las diferentes formas en que se manifiesta el amor.

---

9 Principios: normas que orientan las acciones de un ser humano (ej. paz, libertad, armonía, equidad). Valores: cualidades que caracterizan a una persona y guían su comportamiento (ej. respeto, honestidad, tolerancia, responsabilidad, amistad).

De ahí que, si alguien dice que ama, no puede ser una persona vengativa, rencorosa, egoísta, avara, insensible, etc. ya que se espera que una persona que ama debe actuar en consonancia con justicia, tolerancia, respeto, compasión, solidaria, etc.

De igual manera, alguien que no ama, o sea, que no tiene un sentimiento de consideración, respeto y buenas intenciones hacia los demás, nunca va a actuar con humildad, ni con sentido de justicia, ni tener valoración por el mundo que le rodea. ¡así de simple!

Ya la Biblia lo dice:

1 Jn 3,10: Los hijos de Dios y los del Diablo se reconocen en esto:

> *El que no obra la justicia no es de Dios y tampoco el que no ama a su hermano.*

Además, la misma biblia nos pide que cumplamos los mandamientos de Dios (no matar, no mentir, no robar, no codiciar, honrar a padres, etc.) y que desarrollemos los frutos del espíritu (amor, gozo, justicia, paz, benevolencia, etc.) y como vemos, ambos aspectos (mandamientos y frutos del espíritu) son en definitiva un conjunto de valores y basado en esto, podemos entonces decir que:

Mandamientos = Valores = Amor = Frutos del Espíritu.

Esto nos permite derivar la tercera relación del capítulo:

Relación 3: Valores Humanos = Amor

Habiendo abordado el tema de que las leyes naturales son semejantes a los valores humanos y a los procesos sociales (administrativos, económicos), podemos llegar a la comparación final siguiente:

Procesos Administrativos/ Sociales	Leyes Naturales	Valores = Amor
Enfoque de sistema.	La naturaleza es también así, nada es autónomo.	Todos somos importantes porque todos somos parte de algo.
Enfoque de contingencia.	La teoría del caos (la vida siempre se abre paso ante las circunstancias del medio).	El valor del ser humano hacia los demás, preparándose para la incertidumbre.
El enfoque de balance y punto de equilibrio.	Todo tiene un balance y un equilibrio.	Equidad e igualdad social.
Enfoque de proceso y rangos establecidos para adecuado funcionamiento y calidad.	Todo es un proceso, nada es de golpe. Todo tiene un rango permitido de flexibilidad.	Paciencia, comprensión.
Enfoque de reingeniería.	Todo está sujeto a cambio, transformación, evolución. Nada es estático, todo es dinámico.	Interiorización y cambio. Consciencia y transformaciones culturales y sociales.
Enfoque de funcionalidad.	Todo tiene un rol y una función específica. Nada hay demás ni de menos. Lo que no se usa se cambia o transforma.	Todo tiene un valor de ser (cada ser humano, cada especie, etc.)
Enfoque de racionalidad. (uso adecuado de subproductos, reciclaje, etc.)	Todo a su medida, nada se elimina, todo se transforma. La naturaleza actúa siempre por el camino más fácil (funcionalidad y racionalidad).	Lo justo, lo necesario, lo adecuado, lo correcto en cada cosa.

Enfoque de causa-efecto: Todo problema tiene una causa y un efecto que hay que solucionar.	Ley de causa-efecto.	Proceso de observación, intervención y aprendizaje.
Enfoque de retroalimentación para el fortalecimiento.	Sobre la base de la imperfección se va logrando la perfección (evolución).	Consciencia de sí mismo y su entorno. Madurez de actuar.

Esto nos lleva a unir las tres relaciones anteriores para formar nuestra primera gran ecuación:

Ecuación 1: Leyes Naturales = Sistema Administrativo/Social = Valores Humanos = Amor

Esto se vincula con lo expresado en el libro 1 (capitulo III, punto 1.3) donde se indicó que existen los valores universales (que son los mismos siglos tras siglos) y que además son transversales a todos nuestros sistemas (naturales, humanos y sociales). Además, que construimos nuestros sistemas sociales de acuerdo con los valores que nos guía (de ahí que tenemos sociedades anárquicas y sociedades con altos estados de bienestar).

Así que, basados en esta ecuación, podemos concluir el capítulo diciendo que la naturaleza no es, por tanto, un simple conjunto de fenómenos azarosos (percepción tradicional), sino un sistema dinámico con vida (al igual que un ecosistema), lo que nos conlleva a considerar al universo como un sistema vivo, sustentando con el cuadro anterior.

6. Entonces ¿Qué genera las distorsiones en los sistemas del hombre?

Ya vimos que las leyes naturales son semejantes a los valores del hombre y a los procesos sociales que este realiza.

Pero si son semejantes ¿por qué no son igualmente armoniosas? ¿qué es lo que entonces genera las distorsiones en los sistemas sociales del hombre?

La repuesta es la actitud inmadura y avara del ser humano (como ya lo hemos venido soportando). Esto es lo que distorsiona sus propios sistemas.

Un ejemplo de esto son los ecosistemas, los cuales se rompen por el desequilibrio entre ambiente y urbanismo e industrialización (contaminación física, química, atmosférica, fluvial; despale y reducción de espacio, etc.). Sin embargo, ahora estamos buscando medidas que aminoren el daño ambiental y el efecto invernadero promoviendo la reforestación para la limpieza del CO_2 acumulado y buscar así nuevamente el equilibrio.

Así que, lo que ayer destruimos, hoy lo queremos reconstruir. Siendo esto un simple ejemplo de que no podemos obviar los principios naturales, para luego tener que recurrir nuevamente a ellos para remediar los efectos negativos que sufrimos por esa ignorancia.

Otro ejemplo es la crisis económica mundial del 2008, donde se dio un exceso de créditos sin muchos soportes (subprime o basura) y cuando los bancos ya no recuperan los miles de millones colocados conllevo a sus quiebras y por la interconexión del sistema se desemboco en la crisis financiera global vivida. Ante esto, los gobiernos entraron al rescate inyectando nuevamente capital al ciclo económico y volviendo a regular el mercado.

¿Entonces? Rompemos los principios financieros y luego recurrimos otra vez a ellos para salvarnos. ¿así es?

Como vemos, estos ejemplos nos muestran cual ha sido la tónica del ser humano inmaduro. Ahora la pregunta es ¿Cómo romper esto?

Sencillo: aprendiendo a razonar y actuar siempre ajustado a los principios naturales, siendo algo que ya hacemos inconscientemente, pero que nuestros impulsos negativos lo viven rompiendo.

Capítulo III
¿Conciencia Cósmica?

A través de los capítulos anteriores hemos demostrado los siguientes puntos:

1. Que todo cuanto existe en el universo es al final pura energía.

2. Que el universo se rige por leyes naturales (físicas) que son semejantes y transversales a los valores y procesos que el hombre hace y que, por tanto, son universales funcionando como un sistema predeterminado para crear la vida.

Esto nos lleva a preguntarnos ¿acaso el universo tiene conciencia?

Veamos a continuación que nos dice la ciencia y la religión al respecto.

1. El propósito de la naturaleza:

Ya indicamos (en base a la ciencia) que la naturaleza opera bajo un sistema guiado por principios (de balance, funcionalidad, proporcionalidad, flexibilidad, transformación y ajustes), por tanto, sigue un proceso que podríamos decir determinado que actúa de forma dinámica, armoniosa, integral y sostenible para crear la vida.

Si este orden se rompe, la naturaleza siempre busca la forma de abrirse paso para volver a su curso: la creación y evolución de la vida misma.

A esto es lo que llamo "La teoría del caos en un sistema predeterminado" ya que no sabemos la predicción de los detalles (que va a pasar y como), pero si inferir el propósito a que se conduce (ir del caos al orden, de lo imperfecto a lo perfecto, de lo involutivo a lo evolutivo, de la cantidad a la cualidad, todo bajo un proceso de evolución en espiral producto de la unidad y lucha de contrarios). Como vemos, todos estos procesos tienen una misma dirección y no suceden al revés, ya que no vamos de lo perfecto a lo imperfecto, o de lo evolutivo a lo involutivo[10].

De igual forma, el ser humano también actúa bajo valores de equidad e igualdad, tolerancia y respeto, paz y justicia, etc. con igual fin, buscar establecer un mejor orden en su mundo, tratando de crear un sistema social que sea cada vez más integral, armonioso y sostenible, siendo esa su dirección evolutiva y propósito final (nuestra misma historia así lo revela).

Y si el hombre está hoy autodestruyendo la naturaleza, no significa que vamos hacia atrás, sino, que estamos haciendo el efecto (o fase) resorte, aprendiendo de nuestros errores para luego dar el salto hacia adelante (igual ha sucedido en muchos otros aspectos).

Ahora, recordemos que los procesos sociales-administrativos son también similares a los principios de la naturaleza, ya que lo único que el hombre ha hecho (inconscientemente) es solo derivarlas producto de su experiencia y razonamiento lógico cotidiano.

Así que podemos señalar definitivamente que "La naturaleza y el ser humano" actúan siempre bajo los mismos principios y propósitos (establecer un orden), lo cual nos lleva a agregar el factor "Orden" (propósito) a nuestro sistema universal, lo cual queda claramente sustentado en el punto siguiente.

2. El ajuste fino del universo

La cual es una teoría con la que la ciencia confirma básicamente que existe un orden con propósito en el universo, a través de lo que llaman "El ajuste fino del universo (fine-tuning)" donde señalan que las leyes físicas de la naturaleza están finamente ajustadas, de tal manera que, si variáramos alguna de ellas en un ínfimo porcentaje, la vida simplemente no existiría.

Ejemplos de estas variables son: la fuerza nuclear fuerte; la densidad del universo; la relación entre la masa del protón y el electrón; la constante cosmológica; etc. sí una de estas cambia en lo más mínimo que sea, simplemente la vida no sería posible.

Estos dos puntos anteriores nos llevan a derivar nuestra cuarta relación:

Relación 4: Universo = Leyes Naturales (físicas) = Orden (propósito determinista)

---

10 ¿Contradice esto a la entropía?

Aunque la ciencia no atribuye esto a la existencia de un Dios, si sugiere que el universo esta deliberadamente diseñado, lo que es impresionante e inevitablemente nos lleva a la pregunta ¿por qué es así si todo proviene supuestamente de un azar? Entonces...

3. ¿Existe una conciencia cósmica?

Si partimos del hecho de que la naturaleza actúa bajo leyes semejantes a nuestros propios procesos de creación y orden, y que, además, la propia ciencia dice que el universo esta deliberadamente diseñado, entonces...

¿Podemos inferir que la naturaleza tiene algún tipo de conciencia al actuar de esa misma forma y mismo fin?

¿Existe acaso una conciencia que hace posible esto?

¿Puede el azar explicar por qué existe esta similitud entre el propósito de nuestra conciencia y el del universo? ¿o es una casualidad más del azar?

Asumamos que nosotros hayamos surgido del alzar (un átomo unido a otro por mera casualidad y salimos nosotros), pero ¿Puede el azar explicar ese orden deliberado hasta conducir a la creación nuestra?

Para responder esto, analicemos lo siguiente:

¿Qué probabilidad hay que al entrar a un cuarto y encontrar todas las cosas desordenada y amontonadas en el centro (la ropa de cama, la ropa de vestir, los juguetes, los libros, los adornos, etc.) y procedamos a tirar todo al aire (al azar) y que de pura casualidad todo quede al final perfectamente ordenado (los juguetes en la juguetera, los libros en la librera, la cama ordenada, la ropa en el closet, los adornos en los muebles, etc.)

Pregunto a los científicos: ¿Qué probabilidad de ocurrencia tiene esto?

Por consiguiente, si nosotros actuamos con conciencia cuando intervenimos en el cuarto para establecer en él un orden, ¿significa que el universo actúa igualmente con una conciencia para establecer un orden deliberado con el fin de crear la vida?

Y si existe un orden con propósito dentro de un sistema ¿podemos asumir que hay una conciencia implícita o no?

Ante esto, el autor considera que si hay un orden deliberado (identificado por la misma ciencia), entonces hay una alta probabilidad de una conciencia implícita (directa o indirecta), lo cual nos lleva a establecer nuestra quinta relación:

Relación 5: Orden = Conciencia

4. ¿Energía cósmica consciente?

Además, en el capítulo II se mostró también que todo cuanto existe está constituido de las mismas partículas elementales (que son partículas de energía), y que, por tanto, todo el universo es un campo energético (constituido 100% de energía), lo que se resumía de la siguiente igualdad:

Partículas de energía

Universo = 4% Materia Visible + 23% Materia Oscura + 73% Energía Oscura = **100% Energía**.

Y con esto podemos derivar nuestra sexta relación:

Relación 6: Universo = Eergía

Al unir las relaciones cuatro, cinco y seis llegamos a nuestra segunda gran ecuación:

Ecuación 2: Energía = Univrso = Leyes Naturales = Orden = Conciencia

Bajo esta consideración (que el universo es 100% energía y que hay una conciencia aparente implícita) **¿podemos decir entonces que esta energía cósmica es la que tiene esa conciencia creadora?**

5. ¿Dios es Amor?

Acá lo que dice la biblia al respecto:

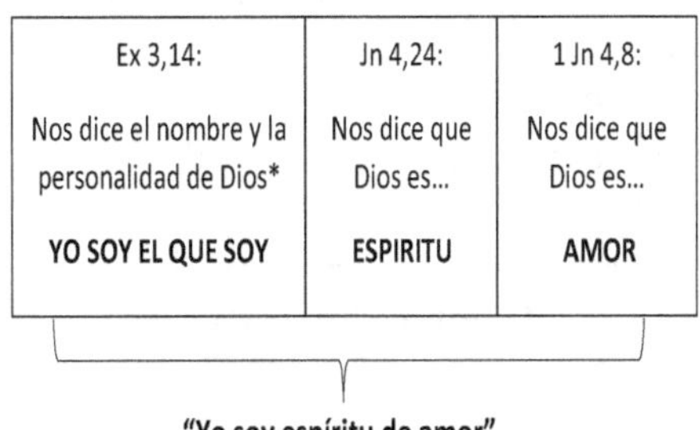

Ex 3,14:	Jn 4,24:	1 Jn 4,8:
Nos dice el nombre y la personalidad de Dios*	Nos dice que Dios es...	Nos dice que Dios es...
YO SOY EL QUE SOY	ESPIRITU	AMOR

"Yo soy espíritu de amor"

El que fui, Soy y Seré; El hace que llegue a ser.

Hechos a imagen y semejanza de Dios padre.

Con esto no se busca debatir sobre el nombre de Dios (si Jehová o Yahvé, etc.), sino, resaltar su personalidad, basado en lo que la biblia ya nos revela sobre lo que es Dios: YO SOY EL QUE SOY, ESPIRITU DE AMOR. Lo que nos lleva a la:

> **Relación 7: Dios = Amor**

Además, las religiones dicen que Dios es un Dios de orden, lo que conduce a la:

> **Relación 8: Dios = Orden**

Y como ya indicamos, el amor es un sentimiento que engloba un conjunto de valores.

Los diez mandamientos son un conjunto de valores: no matar, no cometer adulterio, no robar, no mentir, no codiciar, honrar a padres (todos son valores).

Igualmente, los frutos del espíritu son también un conjunto de valores: Amor, Gozo, Paz, Paciencia, Benignidad (gentileza con los demás), Bondad (compasión con tu adversario), Fe, Mansedumbre, Templanza (Gálatas 5:22-23).

Fidelidad, Justicia y Verdad son otros frutos agregados en otros versículos (por ejemplo, en Efesios 5.9).

Al final, los mandamientos y los frutos del espíritu son todos valores, virtudes, atributos; de ahí que **Valores = Amor** (ya expresado en la relación 3) y el amor al expresarse a través de estos valores (de justicia, paz, compasión, no matar, no robar, no mentir, etc.) denota claramente que está también dirigido a establecer un orden, por lo que derivamos la relación nueve:

Relación 9: Amor = Orden

Por consiguiente, con las relaciones siete, ocho y nueve llegamos a nuestra tercera gran ecuación:

Ecuación 3: Valores = Amor = Dios = Orden

6. La Ecuación Universal

Ahora, al unir las tres grandes ecuaciones, llegamos a nuestra ecuación universal final:

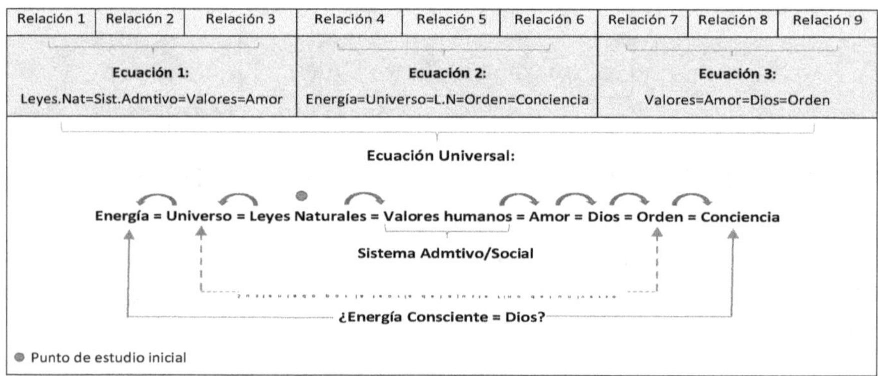

7. ¿Es entonces el universo una energía consciente?

¿Son sus leyes naturales la expresión de un valor universal "Amor"? (por su analogía con los valores del hombre). ¿Es entonces esa energía guiada por el amor?

Por consiguiente ¿es Dios esa energía consciente guiada por el amor para crear la vida?

Sera por eso que la biblia dice:

- Que Dios es espíritu

- Que Dios es amor

- Que al principio ya existía el verbo; que Dios era el verbo; y que por medio de él todas las cosas fueron creadas y que luego el verbo se hizo carne

- Por eso es omnisciente, omnipresente, omnipotente e inmutable.

- Y que, por eso, él es el principio (factor creador) y el fin (la vida misma, el propósito a buscar)

De ser así, ¿Es entonces el universo un sistema vivo? (un campo energético vivo)

¿Será por eso por lo que la biblia dice que somos creación de un solo padre hechos a imagen y semejanza[11] y que Dios está entre nosotros y en cada uno de nosotros? ¿la misma energía consciente?

Ahora, si vinculamos lo que ya vimos en el capítulo I, de que nosotros también somos pura energía (al estar formados de las partículas elementales) con este nuevo hallazgo, de que la energía cósmica tiene conciencia, entonces, esto explicaría:

- El porqué, todas las sociedades humanas (primitivas o no) han tenido la misma idea de algo creador al que hemos llamado Dios, así como las similitudes religiosas en todas las sociedades a lo largo de nuestra historia, aunque muchas no hayan tenido conexión alguna (ver libro 1:

---

11 ¿Qué es imagen? ¿Algo relacionado a una forma, figura o proyección de algo? ¿Qué es semejanza? Algo más relacionado a actitudes, o sea, que actúa bajo la misma forma o patrón (valores universales).

"La verdad sobre nuestra irracional historia humana", capitulo III, punto 5.2).

- Además, la razón por la que, en nuestro orden social, el mal siempre tiende hacia el bien y el por qué vamos evolucionando gradualmente de la irracionalidad hacia la madurez espiritual-social en nuestra propia historia (ver libro 1: "La verdad sobre nuestra irracional historia humana", capitulo II, punto 4.2).

Esto debido a que el mismo orden que rige la naturaleza predomina también en nosotros (por ser hijos de Dios a imagen y semejanza) y, por tanto, poseemos una conciencia y valores que ya son innatos en nosotros, ya que proceden de la misma energía cósmica que nos forma, razón por la cual, tenemos esa similitud de patrones.

Esto respaldaría lo ya dicho, que la religión occidental y oriental se complementan, ya que cada una señala una parte de la naturaleza de Dios (Dios como Amor y Dios como energía respectivamente).

Con esto, quiero dejar claro que yo creo en Dios como un ser creador, pero no tengo conflicto en ver a Dios también como una energía, ya que creo que él se puede manifestar en diferente forma (la biblia lo dice: es omnipotente y que el verbo se hizo carne).

Por consiguiente...

Si decimos que el universo es al final una energía consciente guiada por el amor (concepto religioso oriental) y que Dios es Amor (concepto religioso occidental), entonces, ¿es el amor la ley del todo?, ¿el sentimiento que conduce los procesos para la creación de todo y con ello la vida en el orden establecido?

Esta pregunta se responde a continuación.

Capitulo IV
¿Es el Amor la Ley del Todo?

Ya vimos que las partículas elementales formadoras de toda la existencia son los quarks y leptones (electrones). También existen unas terceras partículas llamadas bosones, que son los que generan las cuatro fuerzas fundamentales necesarias para que los quarks y leptones puedan interactuar entre sí para formar toda la materia que existe.

Estos bosones y las fuerzas fundamentales que generan cada uno de ellos son los siguientes:

Nombre del bosón	Fuerza que genera	Efecto
Gluon	La fuerza nuclear fuerte	Mantiene unido a los quarks para formar los protones y neutrones
Fotón	Fuerza electromagnética	Hace posible el intercambio de electrones entre los átomos para formar las moléculas
Gravitón	Fuerza gravitacional	Rige el movimiento y la atracción de los cuerpos mayores
Bosón W y Z	fuerza nuclear débil	produce desintegraciones radioactivas

En base a esto, recordemos nuestra figura inicial:

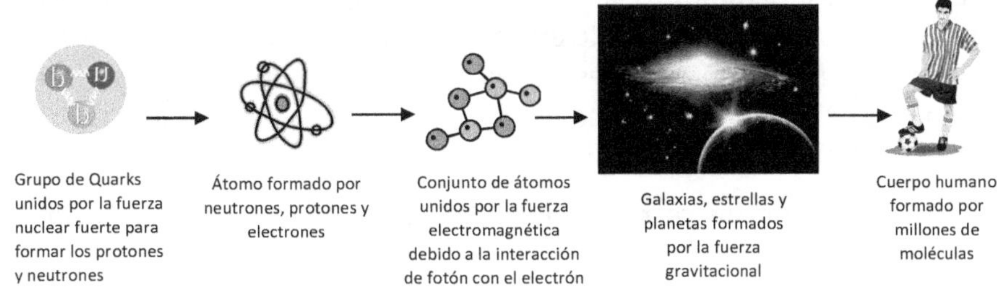

Como vemos, es gracias a las partículas elementales y a estas cuatro fuerzas fundamentales que todo existe.

Sin embargo, la ciencia considera que debe existir una fuerza o una ley global que rija a su vez a estas cuatro fuerzas fundamentales. Una ley o factor que logre explicar por qué las partículas elementales y las fuerzas fundamentales se acoplan o colaboran mutuamente para generar la creación de todo, ¿Qué factor o ley los conduce a llegar a eso? considerando que nada es independiente de nada, ya que todo es un sistema y todo tiene una causa.

A esta hipotética ley que logre explicar eso y que debe existir, es lo que la ciencia ha llamado "La Ley del Todo" ya que sería finalmente la ley o factor universal que explicaría la existencia como es, pero esta Ley del Todo es algo que aún no se sabe que podría ser.

No obstante, con el presente estudio, ya se demostró que la naturaleza actúa bajo un sistema de leyes o principios que van estableciendo un orden que conlleva a la creación de la vida, y que estas leyes o principios tienen analogía con los valores, y que estos valores son al final la expresión de un solo valor universal: El Amor. Tal como lo vimos en la ecuación universal final a que llegamos:

Círculo del alfa y omega

Por consiguiente, ¿podríamos considerar entonces que el amor es la ley universal que rige todo, por tanto, ser la ley del todo?

¿Es este espíritu de amor (o valores universales), o bien, la conciencia universal guiada por este espíritu de amor la ley que da el propósito a los bosones, a las fuerzas fundamentales y a las partículas elementales para formar todo lo que existe en el orden establecido?[12] (fusionando el micro universo cuántico con el macro universo).

Veamos cuales son los respaldo que nos da la ciencia ante este planteamiento:

---

12 De ser así, ¿Por qué nos rige esto? será porque el protón tiene una masa 1,836 veces mayor a la del electrón (por tanto, la carga positiva predomina), ¿será que en un universo donde predomine la antimateria las leyes que lo rijan sean al contrario?

1. El respaldo de la ciencia

Veamos cuales son los soportes de la ciencia al respecto (ver más detalle en capitulo IX):

1. **La ciencia dice que el universo está escrito en clave matemática.**

    Ya que en la medida que la ciencia va profundizando en las leyes del universo, las va convirtiendo en modelos matemáticos con los cuales puede ahora predecir su comportamiento con un alto grado de precisión. De igual forma sucede con las nuevas teorías que van emergiendo, las que también va transformando en modelos matemáticos para luego confirmar su validez en base a estos.

    Siendo esto, la razón por la que se considera que el universo y sus leyes están al final de todo, predeterminadas por ecuaciones matemáticas que el ser humano solo va descifrando poco a poco.

    Aspecto que llevo a Galileo Galilei a decir un día que "el universo está escrito en clave matemática", y hoy tenemos al cosmólogo Max Tengmark quien dice que "las fórmulas matemáticas crean la realidad".

2. **Que el universo es armonía musical.**

    Asimismo, la ciencia ha confirmado que de los cuerpos celestes (planetas) emanan sonidos armónicos, producidos por las emisiones de radio que generan y que, además, los sonidos de cada esfera se combinan con el de otras produciendo una sincronía sonora a lo que la ciencia llama "música de las esferas" o "Armonía Universal".

    Ya hace unos años se había difundido una sugestiva pieza musical llamada «el sonido de Júpiter» producida por las emisiones de radio de ese planeta que fueron recogidas por la sonda Voyager.

    ¿Significa que los astros son capaces de crear música? Literalmente no, lo que sucede es que las emisiones de sonidos de muchos fenómenos del universo se pueden traducir a lenguaje musical, y esto ocurre desde el ruido generado por un planeta, hasta los mínimos pulsos eléctricos producidos por una planta, siendo, por tanto, algo que sucede en la mayoría de los procesos de la vida y del universo.

    Para los Pitagóricos, esto se debe a que todo en el universo está ordenado y regulado bajo relaciones numéricas (como ya indicamos), por consiguiente, todos los fenómenos que se logran expresar matemáticamente, también se pueden expresar musicalmente (ya que para que dos notas musicales formen una melodía comprensible, o armoniosa, debe haber una relación matemática precisa entre las frecuencias de sus ondas sonoras que pueden cuantificarse).

Bajo esta precepto el esquema resumen es el siguiente:

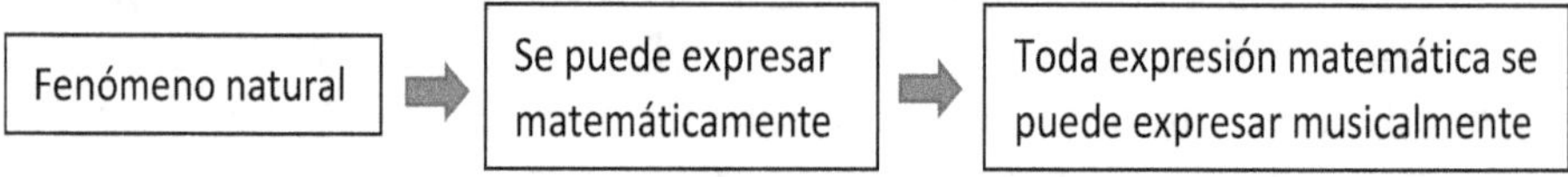

Recordemos que, en música[13], si dos notas no concuerdan (en resonancia, frecuencia y vibración), lo que se escucha es un desafinamiento (un ruido sin sentido). En cambio, cuando concuerdan producen un sonido armonioso, equilibrado, perfecto.

Pues eso mismo sucede en todos los procesos de la naturaleza, lo cual nos lleva otra vez a la posibilidad de que la existencia de una conciencia creadora sea factible, debido a la forma precisa y armoniosa (perfecta) que existe en todos los procesos naturales establecidos para crear la vida.

3. **La aparición de materia de la nada.**

Como la teoría cuántica dice que el universo está lleno de energía, esto provoca la aparición repentina de partículas en el vacío, de materia y antimateria, que nanosegundos después se vuelven a destruir. Pero también existe otro gran misterio en el universo, y es el hecho de que a pesar de que el universo se expande, siempre mantiene uniforme su densidad, cuando la lógica indicaría que al irse expandiendo deberían ir quedando espacios vacíos cada vez más grandes entre las galaxias, pero esto no sucede, ya que en la medida que el universo se expande nueva materia surge en esos espacios vacíos, lo que nos lleva a las siguientes preguntas:

¿Cómo sucede esto? ¿Y cómo es posible que todas las regiones vacías y distantes entre sí se pongan de acuerdo para adquirir la misma densidad? **¿de dónde surge esa materia y qué la crea?**

---

13 Música significa: El arte de las musas. Musas = deidades = dioses. Por tanto, El arte de los Dioses.

Para responder a esto, la ciencia se planteó la siguiente teoría:

Que debía existir un campo o una partícula con la capacidad de crear masa a las partículas que no la tienen (ej. los fotones), y al crearles masa entonces se transforman en materia. A esa hipotética partícula que tiene la capacidad de crear materia, es la que la ciencia le llama "La partícula de Dios" (científicamente "Bosón de Higgs")

La partícula de Dios:

Para confirmar su existencia, la ciencia puso en marcha en el año 2008 el Gran Colisionador de Hadrones[14], con el cual se logró descubrir dicha partícula en el año 2012, ratificándose que el bosón de Higgs[15] llena todo el universo con capacidad de generar masa a los electrones y otras partículas, y al crear la materia se crea todo lo que existe (galaxias, sistemas solares, planetas y nosotros mismos como ya se explicó), por lo que literalmente fuimos creados por la partícula de Dios.

Así que la expansión del universo y su uniformidad es análoga a un globo, que va creciendo en espacio (pero limitado a sus bordes) y mantiene uniforme su densidad porque alguien lo llena de oxígeno.

4. **Otro gran descubrimiento es el gran espacio vacío que existe entre las partículas.**

Este indica que si representamos a un átomo a una escala donde los neutrones y protones midieran 10 cm de diámetro, entonces los electrones que giran a su alrededor tendrían 1 mm de diámetro y que el átomo en su conjunto tendría un diámetro de 10 km. Lo que muestra que entre el núcleo y los electrones hay una gran distancia y, por ende, un gran vacío.

Esto sería algo similar a nuestro sistema solar, donde el sol sería el núcleo y los planetas (venus, mercurio, la tierra, etc.) serian como los elec-

---

14 Hace que protones choquen casi a la velocidad de la luz para desencadenar grandes cantidades de energías y de la fragmentación generada descubrir nuevas partículas.

15 Hay que aclarar que el Bosón de Higgs es una partícula elemental (o sea, de las que conforman la estructura básica de la materia). A la vez, el campo de Higgs es un campo cuántico que también cubre el universo entero. Así que bosón y campo de Higgs son dos formas del mismo fenómeno, siendo una dualidad onda-partícula similar a la luz (que en un momento es un campo electromagnético y en otro un haz de fotones). Siendo por tal razón que todas las partículas del universo obtienen su masa al interactuar con este campo creado por los bosones de Higgs.

trones que giran a su rededor. Lo mismo sucede entre los átomos que forman una molécula.

Por tanto, se asume que todo lo que hay entre la materia es al final un gran vacío, sin embargo, la materia nunca hace contacto una con otra, ya que su campo energético hace que se repulsen. Si este campo no existiera, entonces la materia se atravesaría entre sí y no existiría como es actualmente (esto sería similar como cuando un cometa atraviesa nuestro espacio entre medio de los planetas sin afectar en nada).

5. **El vacío absoluto no existe.**

Este planteamiento indica que en el vació existen siempre fluctuaciones energéticas a niveles cuánticos, por lo que el vacío nunca llega a ser cero, por tanto, no existe el vacío absoluto, confirmando esto lo ya indicado, de que todo el universo es en sí un campo energético.

6. **La dualidad de la materia.**

Indica que la materia puede actuar como partícula (si se observa) y como una onda (si no es observada). Por tanto, todo lo que vemos (incluso nosotros), existimos como ondas al no ser vistos por un observador. Entonces al final, todo es onda en un determinado momento. Pero, además, la materia parece anticipar de algún modo si va a hacer observada o no y cambiar a onda o partícula según el caso ¿conciencia o interconexión cuántica? (ver inciso 9 adelante).

7. **Sistemas cuánticos.**

Esto nos dice que la materia puede actuar también en ciertas circunstancias como una onda, y al actuar así, es lo que hace posible que una partícula esté simultáneamente en varios lugares al mismo tiempo, o salte de un lugar a otro sin pasar por puntos intermedios (túnel cuántico).

8. **La teletransportación cuántica o de una partícula de átomo.**

Esto señala que se puede lograr transferir la información cuántica de un átomo a otro, algo ya logrado por científicos de Austria y Estados Unidos.

9. **Interconexión cuántica.**

    Explica todo lo anterior, ya que esto indica que dos partículas pueden estar entrelazadas, y que todo lo que a una le pase, la otra lo hará al instante, independiente del tiempo y el espacio, ya que se estima que este entrelazamiento de partículas (o interconexión cuántica) es 10 mil veces más rápida que la luz.

10. **Avances en los estudios sobre las facultades extrasensoriales (telepatía, telequinesis, etc.).**

    También muchos experimentos ya han comprobado la existencia de estas facultades, por tanto, ya no se niegan, ahora más bien se estudian cómo desarrollarlas.

    Ya el pentágono realizó su proyecto Stargate para desarrollar un super espía con estas facultades. La misma policía de EE. UU. emplea ahora en muchos casos, personas con capacidades extrasensoriales (clarividentes) para resolver o facilitar la resolución de algunos casos policiales. También hay universidades enfocadas al estudio de este campo (ejemplo MTI) y el mismo Silicon Valley está desarrollando tecnología al respecto. Con todo esto se predice que en unos pocos años se tendrán grandes avances en este campo.

    Por tanto, las percepciones extrasensoriales ya no se ven como misticismo, ocultismo, ni metafísica, ya es ciencia y se confirma que realmente los seres humanos tenemos la capacidad de desplegar estas facultades que existen en nosotros, pero que aún desconocemos a plenitud como desarrollarlas.

11. **El pensamiento modifica la materia.**

    Según el experimento con cristales de agua realizado por el Dr. Masaru Emoto, indica que, conforme a las palabras y sentimientos expresados al agua, esta toma forma diferente; en este sentido, si son palabras y sentimientos positivos los cristales de agua toman forma geométricas armoniosas; en cambio, si son negativos no crea formas armónicas (la validez del experimento aún está en debate científico).

    Sin embargo, esto se sustentaría bajo la teoría de que todo en el universo vibra y de que existe realmente la interconexión cuántica entre la materia (al actuar como onda), por tanto, se atribuye que el agua retiene el tipo de vibraciones de su entorno, al igual que sucede con el poder de las palabras sobre las personas, o bien, la música sobre los animales.

Como vemos, estos avances de la física cuántica nos indican que realmente somos ondas energéticas interconectadas, y que hay una conciencia que, al ser guiada por el sentimiento de amor, crea un orden.

Por tanto, las facultades extrasensoriales de telepatía, telequinesis, clarividencia, etc. y la influencia sobre la materia si es factible, de la misma manera en que nosotros también podemos influenciar en nuestro entorno según nuestros sentimientos, acciones y palabras, ya que somos ondas energéticas interconectadas; así por ejemplo, podemos crear un mundo justo, integral y sostenible si nos guiamos por el sentimiento del bien común o amor (lo que estaría acorde a las leyes armoniosas de la naturaleza); o bien, crear un mundo de injusticia e inestabilidad constante si nos guiamos por antivalores. Por tanto, podemos ver que realmente, así como nuestros sentimientos (valores o pensamientos) modifican nuestro entorno en nuestro plano social, así también lo pudieran hacer en el plano universal.

Esto debido a que, al actuar con amor, pureza y gozo, armonizamos con las ondas de la naturaleza (en la misma vibración y frecuencia) y hace que nuestro sentir positivo se transmita y perciba adecuadamente, siendo esto, el lenguaje cósmico entre la energía y la materia que se trasfiere vía ondas (bajo la dualidad onda-partícula) para crear lo perfecto o adecuado y que la ciencia ahora ha derivado en patrones matemáticos (así de simple).

2. Entonces... ¿Qué es el Amor?

Sustentados en estos nuevos conocimientos adquiridos por la ciencia, podemos entonces definir **"Amor"** de la forma siguiente:

"Es la vibración y frecuencia armoniosa de la naturaleza (la música del universo) que se transmite vía ondas energéticas a todos los elementos interconectados de la naturaleza para influir un orden". Y se expresa en nosotros a través de los valores (sentimientos positivos) que son acordes a esa vibración y frecuencia de la naturaleza.

Esto explicaría el fenómeno de los cristales de agua y el por qué considero el amor como la ley de todo.

De ahí que podemos inferir lo que es Dios:

> **"Energía pura y consciente guiada por el amor que influye sobre todo para establecer un orden y crear vida".**

3. Lo que he hecho como autor

Como se puede apreciar a lo largo del libro, lo único que he hecho, es conocer los avances de la ciencia e identificar como estos tiende a dar ciertos soportes a muchos aspectos indicados por las religiones desde hace miles de años, por ejemplo:

- Que Dios es amor (religiones occidentales)

- Que Dios es energía y/o conciencia cósmica (religiones orientales)

- Que Dios es omnipresente, omnipotente y omnisciente (¿la misma energía cósmica por sus características similares?)

- La posibilidad del desarrollo de facultades extrasensoriales (resaltadas en las filosofías hindúes y orientales).

Por tanto, no he negado ni contradicho ninguna religión, ni a la ciencia, sino, encontrar su complementariedad y con esto, validar la Fe (el creer en una entidad consciente creadora) a través de las bases que nos dan ambas (la ciencia y la religión).

Por eso es por lo que digo que Dios nos dio la inteligencia para que a través de ella le conozcamos, ya que la "razón" no la creo el hombre, sino, que la sembró Dios en nosotros para ese fin. Sin embargo, nos encasillamos a ver a Dios siempre bajo nuestra propia manera dogmática y no a la manera majestuosa que él se nos muestra.

Por tal razón, la ciencia y la religión deben aceptar que vivimos en un mundo de continuos descubrimientos y cambios, y deben admitir los nuevos caminos a que estos nos llevan, aunque confronten nuestras preceptos intelectuales y doctrinarios. Por ejemplo, le pregunto a las religiones ¿Qué pasaría si se llega a descubrir vida en otro planeta o galaxia, o que se logra confirma la existencia de otra dimensión?

Ante esto, considero que la posición de la religión no debe ser "el cómo afrontar esta situación", sino "el cómo asumirla con madurez y responsabilidad'', no con miedo, sino, cómo esto consolida cada vez más el conocimiento de Dios. De ahí, por qué la religión debe comenzar a ver a la ciencia como un miembro más de su cuerpo y no como la contraparte que socava sus doctrinas, ya que: *"Al buscar y conocer el orden de las cosas, vamos conociendo cada vez más a Dios"*.

Retomando todo lo abordado y sustentado hasta este punto del libro, valoro que ya podemos responder esta gran pregunta haciendo un repaso de lo desarrollado hasta aquí:

- ✓ En el capítulo I se demostró que todo cuando existe en el universo es pura energía (incluido nosotros mismos).

- ✓ En los capítulos II y III, se demostró también que el universo se rige por leyes naturales o principios establecidos que determinan la existencia de un orden o patrón determinista (no azaroso) orientado a crear la vida, lo que nos induce a que la existencia de una conciencia creadora (¿Dios?) es realmente factible.

- ✓ También vimos que estas leyes naturales tienen una analogía a los valores humanos y a los procesos sociales que realizamos, lo que nos induce a que todos los procesos naturales o sociales están regidos por esas mismas leyes o valores, y que, por tanto, son universales y transversales a todo proceso que existe en la vida y en la naturaleza; y que esos valores son finalmente solo facetas de un único valor universal: El Amor.

- ✓ Y que, por tanto, al existir esa analogía entre las leyes naturales y los valores, nos lleva al planteamiento del capítulo IV, de que el Amor sea al final la fuerza universal o "ley de todo" que rige las fuerzas fundamentales para crear toda la existencia tal como es, y, por tanto, el factor por el cual nos debemos regir. Ya que, al regirnos por ese valor universal (innato en nosotros), estaremos armonizando con la naturaleza en una misma vibración y frecuencia, y, por ende, tener más capacidad de inferir en la transformación de nuestro propio ser, entorno y destino.

Al exponer esto, no busco confrontar dogmas religiosos o intelectuales, sino, sustentar que la existencia de una conciencia creadora es realmente factible (en base a la ciencia misma). Y basado en estos hallazgos es que el autor llega a la siguiente definición de Dios:

1. ¿Qué es Dios?

Dios es: Espíritu de amor, consiente y puro que actúa de forma libre, natural y fluida sobre todo lo existente para establecer un orden y crear vida.

Veamos cada uno de estos componentes:

➢ **Espíritu: Actúa hacia un propósito (tiene identidad propia).**

- Carácter y virtudes que caracterizan a un ser y lo impulsan y guían a un fin determinado

- La esencia o gracia de un ser que guía su forma de sentir, pensar y actuar.

- El factor (respiro o aliento) que nos da vida, motivo y propósito de vivir, luchar, etc.

De ahí que decimos que un ser sin espíritu es alguien que no tiene un motivo de vida, ni un propósito por algo, una inspiración de algo, un criterio y visión propia de algo, etc.

➢ **Amor: Actúa para bien, no para mal.**

- Sentimientos de consideración, respeto y buenas intenciones que tenemos hacia otros y las cosas que nos rodean, sintiéndonos parte de ellas y comprometido a ellas, y que se manifiesta a través del conjunto de valores que exteriorizamos socialmente (amistad, honestidad, apoyo, tolerancia, etc.)

- Sentimiento que vibra en frecuencia armoniosa con la naturaleza y se transmite vía ondas energéticas a los demás elementos de la naturaleza o seres para crear e influir un orden.

Por eso Dios es espíritu de amor: virtudes que lo guían a un buen propósito.

En similitud: Amor como la forma en que se manifiestan las leyes naturales.

De ahí que espíritu de amor = como la vibración y frecuencia armoniosa de nuestros sentimientos positivos expresados en valores, acorde a la vibración y frecuencia armoniosa de la naturaleza.

➤ <u>**Consciente:**</u> **Establece un proceso para lograr su fin.**

Para nosotros: es llegar a comprender el mundo que nos rodea (lo bueno, lo malo y porqué), y de esto hallar nuestro rol existencial.

En similitud a la naturaleza que actúa de forma determinista (no azarosa), bajo leyes semejantes a nuestros propios procesos de creación y orden como ya vimos.

➤ <u>**Puro:**</u> **No actúa con doble moral** (al mezclar intenciones negativas y ocultas en su actuar).

Ni de índole social, sexual, espiritual, económico, etc. procediendo siempre conforme sus valores y normas ya establecidas (sin condicionar su actuar por interés inicuo o crear excepción, restricción para hacerlo).

En similitud a la naturaleza que actúa siempre bajo los principios del "Ajuste Fino del Universo" sin salirse de ellos, ya que de hacerlo no sería lo que es.

➤ <u>**Actúa de forma:**</u> **libre, natural y fluida.**

- **Libre:** No atado a dogmas, doctrinas o ideologías, si no, al libre pensar y actuar de su propio espíritu de amor.

- **Natural:**

  ✓ Que nace, se desarrolla y manifiesta progresivamente por voluntad propia (no se impone, ni obliga).

  ✓ Y que actúa siempre como es: de forma sencilla, afectuosa, dócil y franca (sin vanidad, arrogancia, prepotencia, sofisticado o artificial).

- **Fluida:** Que fluye o emana en todas partes.

Moviéndose constante e invariablemente irradiando a todos y todo con facilidad y por igual.

➢ **Sobre todo lo existente: energía y materia** (incluido nosotros)

➢ **Establecer un orden:** En el universo con sus leyes naturales (determinista, no azaroso).

➢ **Para crear vida:**

- **Física:** A través del proceso evolutivo (de inanimado a animado)

- **Y espiritual:** Con el desarrollo de la conciencia y la creación de un sistema social orientado al desarrollo humano (inclusivo, justo, integral, sostenible).

  ✓ **Inclusivo:** Todos importantes, todos juntos. Todos siendo parte de él, sin restricción de credo, ideología, raza, genero, posición social, peso representativo, etc.

  ✓ **Justo:** Con equidad social (estado de bienestar) y estado de derecho e institucionalidad (democrático, transparente, imparcial, social)

  ✓ **Integral:** Basado en los valores universales que lleve a la unidad de la religión, la ciencia y la política como un todo (ver capítulo VI).

  ✓ **Sostenible:** En lo político, económico, religioso, social, ambiental.

  Ya la biblia lo dice que su reino será de justicia y paz por siempre (el propósito final de la vida creada).

Todos estos conceptos definidos por el autor están soportados con los hallazgos de la ciencia y a su vez, en plena concordancia con la definición de Dios indicada en la biblia:

Que Dios es espíritu (Jn 4:24); que Dios es amor (1 Jn 4:8); que Dios es creador (Gn 1:1); que Dios es Orden (1 Co 14:33); que Dios es Justicia (Sal 37:28); y que está en cada uno de nosotros (2 Cor 13:5).

¿Acaso alguno de estos aspectos señalado por la biblia es falso?

Por consiguiente, podemos encontrar que hay alta concordancia entre los hallazgo de la ciencia y lo señalado por las religiones, por tanto, no son antagónicas, sino, afines, donde la ciencia viene únicamente sustentando los planteamientos de la religión (ver en capitulo VIII más detalles sobre las semejanzas entre ciencia y religión).

Basada en esta definición de Dios, podemos resumir dos grandes aspectos que debemos entonces hacer como seres humanos:

1. **Hallar nuestro propósito interno**: el desarrollo del espíritu de Dios en nosotros (El Reino de Dios, vivir conforme los valores universales) y en base a esto...

2. **Hallar nuestro propósito externo**: establecer la justicia de Dios (en la tierra como el cielo).

Ya la biblia lo dice:

Mt23:26:   "Fariseo ciego, haz que sea puro el interior y después se purificara también el exterior"

Mt 6,33:   ...busquen primero el Reino y la Justicia de Dios, y lo demás vendrá por añadidura

Romanos 14:17 define el Reino de Dios como nuestros valores internos:

"El Reino de Dios no es comida ni bebida, sino justicia, paz y gozo en el Espíritu Santo"

Y la justicia: los atributos de Dios de equidad, imparcialidad, integridad (un orden social justo e integral como fin).

De ahí que DIOS es: Desarrollo Interno y Orden Social.

2. ¿Cómo podemos lograr nuestro desarrollo interno y alcanzar su gracia?

Ya vimos que, por naturaleza, el ser humano actúa bajo 2 conjuntos de valores (innatos en el):

- Valores positivos de respeto, tolerancia, justicia, solidaridad, compasión, perdón, etc.

- Valores negativos de avaricia, egoísmo, vanidad, lujuria, etc. con poca valoración sobre los medios y efectos generados a fin de satisfacerlos.

También se expone en el libro 1 (La verdad sobre nuestra irracional historia humana), capitulo III, que la conducta negativa ha predominado en el ser humano debido a que es el resultado de una reacción instintiva-impulsiva, en cambio, la conducta positiva solo surge de un proceso de experiencia-aprendizaje (conciencia-madurez).

Por tanto, a medida que disminuimos (eliminamos) nuestro actuar negativo y aumentamos (cultivamos) nuestro actuar positivo (con amor de corazón y fe que podemos lograrlo), vamos armonizando (en vibración y frecuencia) con el universo (energía cósmica) y, por ende, acercándonos cada vez más a Dios para ser uno solo.

Este proceso de cambio y más unidad (en amor y acción) va cambiando nuestro actuar y con él, nuestras relaciones y entorno.

A su vez, entre más armonizamos con Dios (valores y naturaleza), vamos adquiriendo más conciencia y desarrollando nuestras virtudes, dones y facultades, y con esto, más capacidad de influir en el entorno, ya que, al actuar con amor, pureza, fe y gozo, hacemos que nuestros pensamientos y sentir positivo se transmitan, perciban y reflejen de igual forma en los demás (una sonrisa saca una sonrisa, un buen gesto saca otro buen gesto, una ira saca otra ira, y así sucesivamente, ya que como dijimos, somos ondas energéticas interconectadas).

Por tanto, si te adhiere a la virtud (amor, pureza y fe[16]) te conecta a la energía y la conduces.

Así que la religión universal forjará la virtud a través del fomento de los valores universales en el ser humano (y no a través de dogmas) para llevarlo al conocimiento real.

Recordemos lo que dice apocalipsis 21,22: No vi en ella templo alguno, porque su templo es el Señor, el Dios Todopoderoso, y el Cordero.

Además, la biblia dice:

1. Que el verbo se hizo carne (Jn 1:14); y que fuimos hechos a imagen (en lo físico) y semejanza (en espíritu, cualidades, valores)

2. Por consiguiente: Dios = Hombre (Hijo) = Espíritu Santo = Espíritu de Amor = el que hace que todo sea

Y a sus discípulos que eran hombres les dijo:

3. "… recibiréis poder, cuando haya venido sobre vosotros el Espíritu Santo… "(He 1:8)

4. "…les dio poder y autoridad sobre todos los demonios y para sanar enfermedades" (Lc 9;1)

Por tanto, nosotros como hombres, también podemos transformarnos (desprendiendo lo malo y cultivando lo bueno) y alcanzar esa gracia y poder (en plena concordancia bíblica y hallazgos de la ciencia).

Para eso requerimos:

1. Cultivar el espíritu: Viviendo los valores y virtudes y ejerciendo el dominio propio (sobre nuestros pensamientos, impulsos y acciones negativas, etc.)

2. Ejercitar la fe: sobreponer mi afirmación sobre todo temor, angustia, duda, etc.

3. Desarrollar nuestra conciencia, sabiduría y propósito (con criterio propio, prudencia, perseverancia).

---

16 Fe: creer con firmeza en la ocurrencia de algo, aunque aún no lo ves concretado.

Esto aspectos que cada ser humano debe alcanzar lo podemos resumir así:

Conciencia	Espíritu	Acción
Comprender el mundo en que se vive: en lo social, político, económico, religioso, intelectual, etc.	Cultivar: ✓ **El Amor:** a Dios, así mismo, al prójimo y al entorno. Abarca benignidad, bondad, paz, paciencia. ✓ **La Pureza:** sin falsedad de intenciones, producto del dominio propio. ✓ **La Fe:** creer en la fuerza interna y externa sin cesar. Abarca longanimidad (perseverancia y ánimo ante las adversidades). ✓ **El Gozo:** producto del amor, la fe y la acción. ✓ **La Humildad:** mansedumbre, modestia, sin vanidad, ni arrogancia.	Identificar un propósito de ser (en base a la conciencia y espíritu desarrollado). Ser diligente (vivir para ese propósito).
Alcanzar sabiduría del aprendizaje de la conciencia, el espíritu y la acción.		

Si como sociedad logramos conducirnos bajo los valores universales (desarrollando nuestra conciencia y espíritu), llegaremos a la unidad de la religión, la ciencia y la política como se aborda a continuación.

Capítulo VI
Religión, Ciencia y Política serán uno mismo
(La trinidad social futura)

Basado de que los valores humanos son universales y transversales a todos nuestros sistemas (como vimos), es que se espera que el cambio de nuestra cultura social y el nuevo liderazgo a fomentar (indicado en libro 1) conlleve a que la religión, ciencia y política un día sean guiados bajo estos mismos principios (sin confrontación) que guíen a la sociedad en su conjunto hacia su real evolución social y espiritual.

Pero de momento, veamos cual es la situación actual y esperada de este proceso:

1. Situación actual

Actualmente la ciencia, la religión y la política son cosas muy distintas, veamos:

1. La religión tiene el propósito de inculcar un cambio espiritual en el hombre a través del fomento de valores, sin embargo, ha vuelto otra vez al mismo error que Jesús le critico: olvidarse del amor verdadero a Dios y al prójimo, por aferrarse nuevamente a sus doctrinas ciegas de hombres, fomentando confrontación y división con su ejemplo, en vez de unidad y amor a como debe ser.

2. En cambio, La ciencia impulsa el desarrollo tecnológico social, pero tiene contradicción con la religión, ya que la misma religión (por su inmadurez religiosa actual) ve a la ciencia como una amenaza constante a sus fundamentos doctrinarios y no como un medio de raciocinio otorgado por Dios al hombre, para que a través de ella (la ciencia) podamos

conocer a Dios más cada día (descubriendo con cada nuevo paso su majestuosidad y orquestada creación). A su vez la ciencia desestima la posibilidad de la existencia de una conciencia creadora.

3. La política es la encargada de la conducción y el bienestar social, apoyándose para ello en el desarrollo técnico-científico para el mejoramiento productivo-económico, sin embargo, está propensa a la corrupción en su proceso por la constante pérdida de valores en sus conductores, lo mismo que sucede en muchas religiones actuales.

    Recordemos que lo político se separó de la religión, por la incidencia hegemónica y corrupta que la iglesia comenzó a tener sobre la política durante la edad media. Sin embargo, esta separación Iglesia-Estado y el ejemplo negativo actual de la iglesia, ha generado un vacío de verdaderos valores en el hombre, creando una sociedad y líderes fuertemente influenciados por antivalores (de ambición, individualismo, confrontación, corrupción, etc.) que han conllevado al mundo a su deplorable situación actual, razón por la cual, ambas deben retornar a los valores universales para el alcance de su verdaderos propósitos.

2. Situación futura esperada

Ahora, se avecina una nueva conciencia social-religiosa y una nueva ciencia, que considero conllevará a una revolución religiosa y esto, a un nuevo sistema de patrones sociales, veamos:

1. **Nueva conciencia religiosa-social.**

    Hoy la iglesia tiene una crisis entre su línea ortodoxa dogmática y los sectores que demandan una iglesia más madura en la Fe y con un rol más protagónico por la justicia social.

    Jesús dijo que no quiere de nosotros sacrificios (rituales religiosos) sino compasión (amor) y que proclamemos el Reino de Dios, que significa **el cambio INTERNO del hombre**, cultivando en él los frutos del espíritu: *Amor, gozo, paz, paciencia, mansedumbre, bondad, dominio propio, etc.*; y no convertirlo nuevamente en esclavos de la ley, o sea, en esclavos de doctrinas fanáticas y ciegas del hombre.

También Jesús nos llama a que proclamemos La Justicia de Dios entre los hombres y que estemos preparados para su segunda venida, la cual, ya no será para predicar, ya que su mensaje ya lo dejo anteriormente, sino, que ahora será para establecer su reino, el cual dice será de Justicia por siempre, ya que gobernará con vara de hierro y expulsará a los reyes y gobernantes corruptos de la tierra.

Sin embargo, muchas religiones aun actúan dando la espalda a la justicia social, señalando que su rol es solo de evangelizar. ¡Que ciegos! aún no comprenden la segunda venida de Jesús, por eso, dichoso el siervo que lo encuentre trabajando.

Así que, esta nueva conciencia y demanda de madurez de la religión en sus valores y rol social, es el hijo de la mujer que está naciendo y será el nuevo evangelio para proclamar por todos los rincones antes del fin del tiempo (señalado en Apocalipsis), el cual reemplazará las falsas doctrinas de la gran ramera y será el rescate de la iglesia a venir.

2. **La nueva ciencia.**

Todos los avances actuales nos llevaran a nuevos conocimientos que transformaran nuestros preceptos vigentes. Aunque estamos iniciando en ellos, ya existen bases científicas que indican que el alcance de estos aspectos es realmente posible (tales como el desarrollo de facultades psíquicas y de inteligencia artificial, el descubrimiento de vida en otros planetas, de universos paralelos y multi universos, etc.)

Por tanto, estamos a las puertas de una nueva revolución científica que vendrá a modificar los cimientos actuales de la ciencia, la religión y la sociedad hasta este momento.

Será similar a lo sucedido hace un siglo, cuando descubrimos la luz eléctrica (luego de diez mil años de civilización), se inventó la máquina de vapor, el telégrafo, la radio, la aviación, etc. aspectos que marcaron el inicio de la era moderna y transformo la ciencia y la sociedad hacia nuevos conceptos y valores y genero una nueva perspectiva del futuro.

De igual manera sucederá con el nuevo Boom científico a venir, que marcará también el inicio de una nueva era que otra vez transformará la visión del mundo y rebatirá los fundamentos tradicionales religiosos, científicos y sociales.

Sin embargo, esto llevara otra vez al problema histórico del hombre: Su inmadurez para dar un buen uso al conocimiento. Recordemos que el hombre descubrió el fuego y lo uso para destruir, descubrió la pólvora y la uso para matar, descubrió la energía atómica e hizo inmediatamente las bombas nucleares, ¿entonces que hará con los nuevos conocimientos a venir si no está aun maduramente preparado para ello?

Así que, mientras el hombre siga bajo los mismos patrones de conducta irracional actuales ¿Qué crees tú que ahora hará? ¿los usara para fines militares, hegemónicos y mercantiles a como ha sido hasta hoy? ¿o crees que ahora lo usara solo para fines humanitarios? ¿tú que crees?

3. **La evolución religiosa.**

Siendo esta la razón por lo que se necesita de una religión madura que pueda abrazar a la ciencia como un miembro más de su cuerpo (la unidad entre ciencia y religión) ya que los nuevos conocimientos a venir provocaran un cambio profundo en sus fundamentos (su evolución).

Una religión más madura en la Fe conllevará al fomento de su unidad, desvaneciendo toda barrera de adoctrinamiento equivoco del hombre y retornando a los verdaderos valores universales. A su vez, una religión más identificada al aspecto social incentivará un movimiento creciente hacia un mundo más justo y humano.

Con el ejemplo de madurez interna, la religión podrá guiar al hombre en la formación de sus valores para que este a su vez, pueda conducir a su sociedad hacia su desarrollo integral (material y espiritual) con plena conciencia y madurez en sus acciones. Con esto la religión retornará a su verdadero propósito.

4. **El nuevo orden mundial**

El sistema actual está caminando a su colapso: por el efecto invernadero en aumento; la economía de casino globalizada; el aumento poblacional mundial; la creciente limitación de recursos naturales; la mayor concentración de riqueza y desigualdad social; las guerras comerciales y petroleras; la amenaza nuclear; las pandemias cada vez más frecuentes, etc.

Todos estos problemas han sido básicamente similares en todos los sistemas sociales creados por el hombre (el feudalismo, capitalismo, socialismo, etc.), debido a que la aptitud corrupta del hombre nunca ha cambiado (los sistemas y contextos cambian, pero el ser humano no ha cambiado su inadecuada conducta por miles de años), por ende, ningún sistema será perfecto si el hombre primero no cambia en su interior.

Ahora, para cambiar al hombre hay que cambiar las instituciones que engendran sus valores negativos, siendo estos: La Iglesia y El Estado. Ya que, si la iglesia y el sistema social están corruptos, entonces la sociedad y los nuevos líderes generacionales también lo estarán, ya que el ser humano se forma replicando los mismos patrones sociales y religiosos del sistema en que se desarrolla.

Así que, primero, se debe fomentar una nueva conciencia y madurez social; segundo, se debe formar un nuevo estilo de liderazgo regido por verdaderos valores; y tercero, que este nuevo liderazgo se lance a inducir al cambio de los negativos patrones religiosos y políticos actuales, para poder conducir a la formación de un nuevo orden (basado en los valores universales = teocrático) y con esto, a la formación de nuevos líderes generacionales bajo estos nuevos preceptos para la adecuada sostenibilidad humana futura (material y espiritual). Ya que al final…

5. **Religión y materialismo no son antagónicos.**

Esto se sustenta en los siguientes dos aspectos:

> ➢ Porque, por un lado, la religión indica que: Dios = Amor = Valores = Espíritu Humano.

> ➢ Y, por otra parte, el materialismo indica que nuestra historia es el resultado del propio espíritu humano y no es fruto de un factor místico. Por consiguiente: La Historia Creada = Fruto del Espíritu humano.

Por tanto, tenemos que ambas partes tienen un común denominador que los hacen al final complementarios y no antagónicos, según siguientes figuras:

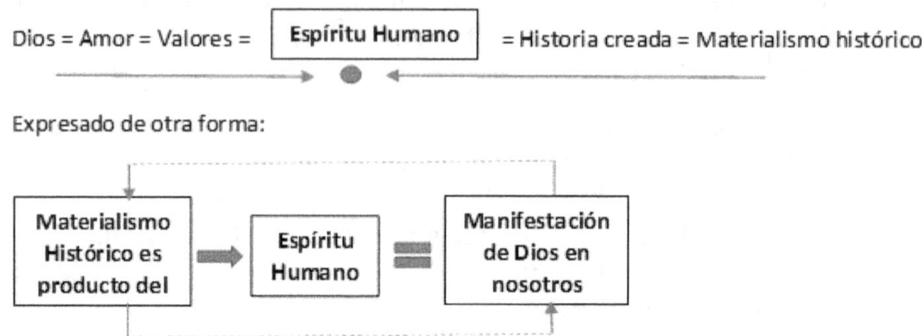

Por tanto, podemos crear un mundo donde las religiones, el materialismo científico y los sistemas sociales (capitalismo, socialismo, etc.) todos sean actores de un mismo fin común:

"El desarrollo interno y externo del ser humano para la correcta construcción de su historia"

Ya la Biblia dice que el viejo orden pasará y vendrá un nuevo orden en el que:

Se enjuiciará a la prostituta que corrompe la tierra con su idolatría e inmoralidad (la religión inmadura) y que caerá la Gran Babilonia (el sistema hegemónico mundial actual).

Y que, en cambio en la nueva Jerusalén:

Reinará la justicia y la paz (el nuevo orden político-económico-social); que no habrá templo porque Dios será en cada uno (la nueva religión madura, interna); y la muerte no será más (el nuevo conocimiento, la nueva ciencia).

Como vemos, esto será la caída del viejo orden y el resurgir del nuevo, ahora enfocado al real desarrollo del ser humano (interno y externo) y no solo del capital, y una religión fungiendo como guía social (a través de su ejemplo) y fusionada a la ciencia como un todo.

Siendo así como La Religión, La Política y La Ciencia, llegarán a ser uno mismo, ya que los tres sistemas se guiarán y tendrán como base los mismos valores universales (el amor).

Siendo está La Trinidad social futura.

CONCLUSION DE LA PRIMERA PARTE DEL LIBRO:

En toda esta primera parte ya vimos que es Dios y qué somos nosotros, donde somos partes integral de un sistema vivo que tiene un fin y que, al desarrollar consciencia de esto, podemos ser parte activa del mismo, para lo cual necesitamos romper nuestro misticismo científico y religioso y abrirnos a nuevos conocimientos y sentir (razón espiritual).

Por lo que la segunda parte del libro se enfoca a como romper ese misticismo, demostrar que la ciencia y religión son complementarias y entender que debemos estar maduramente preparados para los nuevos conocimientos por venir y así poder conducirnos en unidad con el todo.

Indicado esto, iniciemos con la segunda parte.

Capítulo VII
Cambiar Misticismo por Sentido Común

1. El misticismo científico y religioso

Se ha demostrado a lo largo del libro, que los mismos descubrimientos de la ciencia nos indican que hay un orden establecido, y el mismo "Ajuste Fino del Universo" lo confirma y nos conlleva a la posibilidad de que existe un propósito consciente en el universo: la creación de la vida.

Por tanto, para mí, las bases científicas no niegan la existencia de Dios, más bien lo confirman, ya que toda la organización de la naturaleza y las leyes que lo rigen nos inducen a la posibilidad de la existencia de un factor consciente/inteligente.

Entonces, porque no considerar esa tercera vía: la existencia real de una inteligencia creadora bajo una percepción realmente científica.

Ante esto pregunto:

- ¿Por qué creemos ciegamente que el universo surgió del Big Bang y la vida del mero azar, y no considerar también que algo (o alguien) lo ha creado si todo lo descubierto por la propia ciencia induce a eso?

- ¿Porque para lo primero buscamos evidencias científicas y para lo segundo no?

  Y solo buscamos el camino más fácil, el de rechazar la idea de una inteligencia creadora, simplemente porque la ciencia no cree en eso (siendo ese rechazo el principal dogma de la ciencia sin base científica).

Razón por la que considero que la ciencia está actuando igual que la religión: haciendo también actos de FE en teorías que ni siquiera han comprobado, y critica a la religión que hacer lo mismo.

Por tanto, la ciencia cae a ser también dogmática y mística, ya que igualmente se encierra a creer solo lo que ella piensa, encajonando su racionamiento analítico solo a una perspectiva, obviando la posibilidad de otras, infringiendo uno de los principios del pensamiento científico.

Lo mismo pasa con la religión, que también se encasilla a una única percepción de Dios ´´la de un ser sentado en un trono ´´ (que también considero posible), pero descarta otras formas de revelación de sí mismo, olvidando la potestad de que Dios es omnisciente, omnipresente, omnipotente, etc.

Si esto no se supera, seguiremos inmerso en el misticismo científico y religioso sin poder ver más allá de lo establecido.

Por ejemplo, en base a todo lo visto, porque ambos (la ciencia y religión) no pueden también considerar la siguiente posibilidad:

Dios = Energía Consiente guiada por el Amor para establecer un Orden y crear la vida.

Y aunque este planteamiento no es algo que este comprobado plenamente, si es algo realmente posible por todo los elementos que nos va dando la misma ciencia, y que solo he venido uniendo las piezas que están dispersas para luego descifrar lo que nos dicen, y que aquí sustento, pero para muchos científicos y religiosos esto es inaceptable por simples dogmas de cada uno.

Igual dogma sucede con los parámetros de la vida, ya que la ciencia considera que la vida solo puede ser orgánica y no de otra forma.

Por tanto, pregunto ¿A qué se debe el predominio de este misticismo en la ciencia y la religión?

Se debe a lo indicado a continuación.

2. Los errores de nuestro intelecto

En el libro 1, se vio que al final nosotros solo somos simples receptores de los patrones religiosos y sociales (político e intelectuales) que predominan en cada sociedad en que nos desarrollamos, por tanto, nuestra perspectiva filosófica (manera de pensar) y de cómo vemos el mundo y actuamos, está sujeta a estos mismos patrones, los cuales son defendidos y preservados por cada sistema con el fin de mantener sus intereses creados, coartando a la sociedad a no poder ver más allá de lo establecido y así mantener limitada su nivel de conciencia sobre su realidad y entorno, y de esa manera frenar en lo posible las transformaciones sociales que afecten sus intereses (y la religión no ha estado ajena a estos mismos fines de control de la conciencia social).

Esto nos ha llevado a encasillarnos en los siguientes errores en nuestro esquema intelectual:

1. **Tener capacidad de raciocinio limitada:**

   "Solo aprendí a ver una cara de la moneda y no puedo ver más allá porque me da miedo"

   Esto debido a que estamos acostumbrados a aceptar como verdad, solo los planteamientos que me fueron inculcados socialmente y que adopto como los únicos afines a mi forma de sentir y pensar, quedando encasillados y con miedo inducido (por la religión, coerción política u otro) a tener una visión o razonamiento más amplio o abierta.

2. **Inflexibilidad a conveniencia:**

   "Puedo ver otras ideas, pero no las aceptos porque arriesgan mis cimientos o intereses"

   Esto es cuando promovemos nuestras verdades como absolutas, aun cuando mi verdad no tiene respaldo y caemos a refutar todo planteamiento diferente porque simplemente no se ajustan a mi conveniencia, sin dar posibilidad a nuevas perspectivas y negando así la evolución del pensamiento en la sociedad.

   Esto por miedo a que mi verdad pueda ser desmentida mañana y pierda la influencia que esto me da. Tratando así de frenar la dinámica del conocimiento: Que la verdad de hoy mañana sea falsa y lo falso verdad.

3. **El tercer error es la ceguera fanática u ortodoxia: el caso extremo de la inflexibilidad intelectual.**

   "Solo mi verdad, impuesta a la fuerza y condeno al que se oponga a ella"

Surge de corrientes imperantes o liderazgos influyentes, sin espacio de juicio a los mismos, cayendo a la intolerancia total de otras ideas al considerarlas antagónicas y blasfemias a los fundamentos infundidos. Ej. la ortodoxia de la inquisición y el fundamentalismo de muchas religiones.

4. **Intelectualidad bélica-mercantil**

"No debato, pero uso el conocimiento solo para mis fines económicos y/o hegemónicos"

Lo clásico de nuestra historia, la tendencia que le hemos dado al conocimiento y la ciencia:

➢ Primero para fines bélicos (para la expansión de los imperios y sus sistemas)

➢ Luego mercantil (cuando ya la tecnología está desfasada o sin utilidad bélica)

➢ Y finalmente para el apoyo o filantropía social (a conveniencia o real en algunos), como efecto cascada cuando ya no tiene valor bélico, ni gran valor mercantil, pero me sirve para fin político o empresarial (mejorar imagen, ventas o reducir impuestos).

Casi toda nueva tecnología o en desarrollo pasa estas etapas. Veamos unos ejemplos:

- El internet: el cual nace como un proyecto del departamento de defensa de los EE.UU. para fin militar, ya que, en plena guerra fría, existía el temor que, ante un ataque nuclear ruso, EE. UU. perdiera el acceso a la información militar y de las instituciones gubernamentales en todo el país. Ante esto es que se crea en 1969 el ARPANET, como la primera red de conexión de computadoras.

- Así que no nace en principio para la sociedad, esto fue un derivado posterior ya con fines comerciales como los demás inventos.

- El Global Positioning System (GPS), inventado por el departamento de defensa de EE.UU. en 1964 como una necesidad estratégica militar.

- El microondas, el cual surge para mejorar los radares militares.

- El ultrasonido, creado durante la primera guerra mundial con el fin de ayudar a detectar los submarinos alemanes.

- El vehículo todo terreno (jeep), creado en 1941 por la necesidad de moverse en terrenos difíciles durante la segunda guerra mundial.

- El programa Stargate, desarrollado en los años 70 con fines de inteligencia militar, buscando crear espías paranormales de la CIA con capacidades extrasensoriales y visión remota para obtener secretos militares.

- El proyecto HAARC para generar terremotos, tsunamis o la modificación del clima.

- Hoy día tenemos el desarrollo la tecnología de la invisibilidad, los computadores cuánticos, etc.

  Y así muchísimos ejemplos.

Como vemos, la mayoría de los inventos nacen con fines militares y solo cuando ya quedan desfasados pasan a tener una utilidad comercial y/o social.

Recordemos nuestra historia:

- Descubrimos el fuego y lo primero que hicimos fue quemar aldeas

- Descubrimos la pólvora e inmediatamente desarrollamos las armas

- Descubrimos los virus y pasamos a las armas químicas y biológicas

- Descubrimos la energía atómica y corrimos a hacer el holocausto nuclear

- Ahora hemos pasado del ciberespacio a los ataques cibernéticos

La pregunta es: ¿Qué iremos hacer con la nanotecnológica, la biotecnología, el genoma humano, etc.?

Esto nos lleva al siguiente error de nuestra intelectualidad:

5. **La intelectualidad insensible:**

Vemos todo lo que pasa en el mundo (y hasta somos parte generadora de eso) y, sin embargo, valoramos más nuestro espacio de confort que hacer algo realmente constructivo por la humanidad, por lo cual pregunto a los genios de la ciencia:

¿Tú que rol quieres jugar? ¿Ser un actor del desarrollo humano o de la destrucción humana?

Esto me indica que no basta tener un alto coeficiente intelectual, si no tenemos valores, y si a la vez, hemos perdido el sentido común en nuestro actuar y pensar.

Por eso, el último error es...

6. **La pérdida del sentido común:**

Ejemplos de nuestra pérdida del sentido común tenemos:

- Impulsamos un sistema enfocado al desarrollo del capital más que al desarrollo del ser humano, sin valorar que sus efectos van en contra de su propia sostenibilidad (ilógico).

- El sistema depende del consumismo, pero considera que revertir la pobreza es un gasto y no una inversión. Como llamaría usted a esto ¿poca visión empresarial o ignorancia?

- Dañamos severamente nuestro ecosistema global, sin pensar que aún no podremos irnos a vivir a martes cuando lo destruyamos por completo ¿estupidez o jactancia?

- Impulsamos la hegemonía de unos sobre otros y queremos paz mundial (que alguien me explique esto)

- Priorizamos la inversión bélica para desarrollar tecnología militar y vemos el desarrollo humano como un derivado, olvidando que el desarrollo técnico de un país es proporcional a la inversión social efectuada en el mismo (entre más inversión social, más desarrollo tecnológico) ¿ignorancia o infantilismo técnico?

- Todas las religiones del mundo proclaman amor, pero generan grandes divisiones y guerras entre ellas mismas (si ese es el amor que enseñan, prefiero quedarme en casa).

- Buscamos soluciones a nuestros problemas globales, pero sin querer ceder en nuestros grandes intereses, mucho menos reconocer los errores que nosotros mismos causamos.

¿Es esto tener sentido común?

Como vemos, nuestra conducta humana actual evidencia una carencia de sentido común en nuestra conducción social, ya que la falta de sentido común nos hace ver y hacer las cosas más complejas, cegándonos a ver lo simple que pueden ser porque muchas veces las repuestas a nuestros problemas están ante nuestros ojos y no las vemos.

¿A qué se debe esta pérdida del sentido común?

Por un lado, por la prevalencia de los intereses hegemónicos y la falsa conciencia de la realidad que nos tratan de vender, al hacernos creer que lo que vemos y nos dicen es la verdad, por ejemplo, que vivimos en un mundo de progreso y grandes oportunidades, cuando en realidad vivimos un irracionalismo desigual y autodestructivo producto del canibalismo material del hombre, siendo lo que en realidad trata de ocultar el sistema creando su espejismo de bienestar.

Por otro, hemos perdido el sentido común por el errado intelecto dogmático religioso que nos conduce a los eternos debates y conflictos filosóficos sin fin, y el control que ejerce sobre nuestra conciencia para limitarnos a ver más allá de lo establecido.

Por último, al dogmatismo científico que también nos limita a que podamos relacionar la ciencia con la religión, cuando la misma física cuántica y otros hallazgos los están entrelazando cada vez más (no antagonizando) ya que la ciencia viene validando a la religión y la religión va conociendo cada vez más la majestuosidad de Dios y su creación a través de la ciencia.

3. Volvamos al sentido común

Como vemos, al ser guiados por este errado intelecto histórico (religioso, científico y social) es que hemos perdido nuestro sentido común, ya que siempre estamos sobreponiendo los intereses propios (intelectuales o económicos) sobre la razón.

Por tanto, debemos recuperar el sentido común en nuestra conducción social para saber dar repuestas a nuestros grandes problemas globales (ambientales, económicos, éticos, políticos, filosóficos, religiosos, etc.) en completa armonía, ya que con sentido común social podemos hallar nuestras respuestas y comprender y convertir lo complejo en algo simple y efectivo para todos.

¿Cómo hacerlo?

Cuando uno realiza un estudio sobre algo, es común comenzar por los detalles de cada parte por separado, y luego hallar la relación que tienen las partes entre sí para ir comprendiendo a lo que nos llevan las partes en su conjunto (como un rompecabezas).

Sin embargo, a veces dividimos tanto las partes o nos sumergimos mucho en los detalles que terminamos perdiendo la capacidad de ver su interrelación y con ello, la comprensión global y simple a que nos llevan las piezas en su conjunto.

Así que, en todo análisis, lo importante es buscar la esencia de cada aspecto (el factor de fondo, lo permanente y no lo superficial que lo crea o sustenta) reduciendo poco a poco los factores que lo conforman, y así comprender que nada es azaroso, y que toda cosa compleja se reduce al final a algo simple (un concepto, una forma, un esquema, etc.).

Bajo ese proceso, el ser humano ha aprendido muchos de sus aspectos técnicos, sociales, etc. bajo la simple observación de la naturaleza. Por ejemplo:

- Mucha tecnología militar como el radar, el helicóptero, la visión nocturna, el submarino, el camuflaje, etc. se han desarrollado simulando a la misma naturaleza.

- También se han estudiado los ecosistemas naturales para poder comprender su interacción y sostenibilidad para la coexistencia de las especies.

- Ahora la física cuántica está estudiando las leyes del microcosmos y con ello descubriendo nuevas perspectivas de la creación y la vida.

Como vemos, al final muchas veces solo basta observar la naturaleza para comprender las normas sobre las cuales nosotros también como sociedad humana nos debemos regir, ya que (como ya vimos), todo en la naturaleza actúa siempre bajo determinados principios que se aplica a todo lo creado (natural y socialmente ya que son principios transversales).

Por tanto y basado en esto, veamos lo que nos debería decir el sentido común:

- Nos debería decir que, si continuamos dañando nuestro medio ambiente y nos resistimos a corregir por sobreponer otros intereses, vamos a sufrir severamente las consecuencias del efecto invernadero. ¡Simple!

- Que, si la economía especulativa de casino supera a la economía real, el sistema colapsara en algún momento como lo hizo en 2008.

- Que, si continuamos con la actitud hegemónica de unos sobre otros, nos exponemos a una crisis bélica global con alto riesgo nuclear.

- Que, si seguimos intolerantes ante las diferencias religiosas e indiferentes ante la injusticia social, las crisis sociales incrementaran cada vez más con menos capacidad de control.

- Que, si nos preocupamos a mejorar ya estos aspectos, ¿que nos debe decir el sentido común? ¡Algo simple! que vamos a crecer más y lograr una $ostenibilidad integral, donde todos vamos a ganar (el capitalismo, el socialismo, el cristianismo, el islamismo, etc.) así de sencillo.

¿Se necesita un coeficiente intelectual de 130 para poder comprender esto?

Aclaro que con esto no he descubierto el agua helada, ni el método científico, simplemente mostrar que debemos volver al principio racional básico: el sentido común en nuestro juicio y actuar humano y social, sin ataduras a misticismo religiosos, políticos y falso intelecto (hegemónico, bélico e irracional).

Así que, al buscar en lo complejo la simpleza de las cosas mediante el sentido común, comprenderemos la razón, involución y evolución de cada una de ellas y hallaremos las repuestas de acción a tomar, desde los problemas y aspectos más pequeños a los más grandes.

Por tanto "Debemos saber reducir lo complejo a lo simple, para que a partir de lo simple comprender el fondo de lo complejo".

De ahí que llego a la siguiente definición de lo que es sabiduría:

> **"Sabiduría es poder ver lo más difícil de ver: lo simple de las cosas frente a nosotros" J.L.**

Así que necesitamos volver a los verdaderos valores y al sentido común para poder conducirnos con madurez y saber usar los nuevos conocimientos a venir.

Entonces, hemos comprendido hasta aquí que hay que romper ese misticismo de la ciencia y la religión, ahora se demostrará que, además, ambos tienen muchos puntos en común y sirven juntos como fuente de conocimiento al ser humano. A continuación, los elementos que sustentan este planteamiento.

1. Puntos de concordancias:

Aunque la ciencia y la religión aparentar ser antagónicas en varios aspectos, en muchos otros tienden a concordar.

En este punto se demuestra que hay muchos aspectos históricos que la biblia y otras religiones ya señalaban desde hace miles de años pero que la ciencia los refutaba inicialmente, pero ahora, gracias a sus diversos avances (en arqueología, antropología, cronología, demografía, otras) las ciencia viene corroborando poco a poco estos hechos históricos bíblicos, dándoles validez a los mismos (desde el punto de vista histórico, como de conocimiento).

Veamos los siguientes ejemplos:

1. **El proceso de la creación.**

   En cuadro siguiente se muestra las similitudes entre la cronología de la creación indicada por la biblia y lo que la ciencia ha determinado.

Orden Cronológico de la Bíblica	Orden Cronológico de la Ciencia
Al principio Dios creo el cielo y la tierra, la tierra estaba desierta y sin nada y las tinieblas cubrían los abismos mientras el espíritu de Dios aleteaba sobre las superficies de las aguas.	La ciencia indica que hace 4,600 millones de años se formó la tierra de la siguiente manera: 1) el sistema solar era una nebulosa de polvo, rocas y gases, la parte más densa del material y gases formo el sol y el material más liviano quedo disperso; 2) este material y gases que quedo dispersos se fue también agrupando por gravedad formando discos protoplanetarios y condensando luego para formar los planetas; 3) así que al inicio la tierra no era sólida, era una masa de material incandescente, donde los materiales más densos se hundieron al interior y los más ligeros como los gases en el exterior; 4) luego esa masa se fue enfriando en su parte más externa con lo cual se inició a formar la corteza terrestre; 5) luego, la continua lluvia de meteoritos que caían a la tierra la fueron solidificando y agrandando cada vez más hasta su tamaño final; 6) posteriormente se asentó el agua en la tierra traída por los cometas que caían al planeta, pero por las altas temperaturas se evaporaba y unido al bióxido de carbono formaba grandes y espesas nubes que lo cubrieron todo (era la atmosfera primigenia a los 4,100 millones de años). Como vemos, esto coincide con la biblia; 1ro) se forma el cielo (con la formación de nuestro sistema solar); 2do) la tierra se forma así de manera simultánea; 3ro) en ese momento la tierra no tenía nada; 4to) las tinieblas cubrían los abismos (tiempo cuando el sol aun no llegaba al punto de generar fusión nuclear y por ende, aun no emitía luz); 5to) el espíritu de Dios aleteaba sobre las superficies de las aguas (Dios como la energía o conciencia creadora que estaba dando forma a la tierra y las superficies de las aguas como las densas nubes de la atmosfera primigenia).

Dios dijo: haya luz y hubo luz. Dios vio que la luz era buena y la separa de las tinieblas. Dios llamo a la luz Día y a las tinieblas noche, y atardeció y amaneció el día primero.	Ya cuando el sol inicio su proceso de fusión nuclear (la unión de los átomos de hidrogeno para la producción de helio), con ello la liberación de energía y la emisión de luz.
Dios dijo: haya un firmamento en medio de las aguas y que separe a unas aguas de las otras. Hizo Dios entonces el firmamento separando las aguas, de las que estaban por encima y debajo del firmamento. Y llamo Dios al firmamento CIELO. Atardeció y amaneció el segundo día.	Al enfriarse más la superficie terrestre, la mayor parte de las densas nubes que cubrían el planeta iniciaron a condensarse y precipitarse a tierra, quedando la atmosfera cada vez más descubierta, lográndose ver ya desde la tierra el firmamento: el cielo.
Dijo Dios: júntense las aguas de debajo de los cielos en un solo lugar y aparezca el suelo seco. Y así fue. Dios llamo al suelo seco tierra y a la masa de agua mares. Y vio Dios que todo era bueno.	Júntense las aguas de debajo de los cielos: Los mares se formaron por dos factores: 1) la alta condensación y precipitación de toda el agua que había en la atmosfera, creando intensas lluvias por millones de años; 2) por la alta actividad volcánica que expulsaba grandes masas de lava, la cual formó una capa protectora en la corteza que permitió mantener el agua en su superficie. Fue así como, hace 4 mil millones de años, más del 90% de la tierra quedo cubierta de agua. Y aparezca el suelo seco: Luego, el aumento de la actividad volcánica submarina creo una roca más dura (el granito) que dio origen a los continentes hace 2,500 millones de años. Podemos ir notando que existe concordancia en los tiempos de cada proceso.
Dios dijo: produzca la tierra pasto y hierbas que den semillas y árboles frutales. Y así fue. Atardeció y amaneció el tercer día.	Hace 440 millones de años surgen las primeras plantas terrestres y hace 350 millones de años los árboles.

Dios dijo: haya lámparas en el cielo que separen el día de la noche y que brillen en el firmamento para iluminar la tierra. Hizo pues Dios dos grandes lámparas, una para presidir el día y otra más chica para la noche. También hizo las estrellas. Atardeció y amaneció el día cuarto.	Único punto no ajustado al orden cronológico de la ciencia. Porque si se refiere al sol y la luna, ambos se formaron hace más de 4 mil millones de años. ¿Un error de orden en la narrativa bíblica al pasar de generación a generación o es algo aun no descifrado? Otra posibilidad: ¿Estaban aún las densas nubes cubriendo el cielo, pero a un nivel ya tenue que permitía la fotosíntesis? Tal como sucede con un día nublado, en el cual no podemos ver el sol, pero hay claridad suficiente para las plantas ¿sería así?. Invito a estudiosos a resolver este punto.
Dijo Dios: llénense las aguas de seres vivientes y revoloteen aves sobre la tierra y bajo el firmamento. Y creo Dios los grandes monstruos marinos y todos los seres que viven en el agua y todas las aves. Atardeció y amaneció el quinto día.	Y Dios creo los grandes monstruos marinos: Los dinosaurios marinos se crearon desde el periodo Triásico de la era mesozoico, hace 250 millones de años (entre estos los Pliosaurios, Plesiosauros, Ictiosaurios, Thalattosaurios). Y todas las aves: Puede referirse a los Pterosaurios (dinosaurios voladores o reptiles alados), surgidos en el mismo periodo triásico, ya que resto de aves se crearon hace 155 millones de años.

Dijo Dios: produzca la tierra animales vivientes de diferentes especies, bestias, reptiles, y animales salvajes. Dijo también: hagamos al hombre a nuestra imagen y semejanza. Que mande a los peces del mar y a las aves del cielo, a las bestias, a las fieras salvajes y a los reptiles. Y Dios creo al hombre a su imagen. A imagen de Dios los creo. Macho y hembra los creo. Dios los bendijo diciendo: sean fecundo y multiplíquense. Llenen la tierra y sométanla. Atardeció y amaneció el sexto día.	Animales vivientes de diferentes especies (bestias, reptiles y animales salvajes): esto se refiere a animales actuales (no prehistóricos). Hace 300 millones de años se crearon los reptiles; hace 220 los primeros mamíferos; a los 60 millones de años aparecen los primates; a los 30 millones de años las bestias de tiro y a los 20 millones de años los felinos salvajes. Ahora, sobre el proceso de hagamos al hombre a imagen y semejanza, el proceso fue: Hace 15 millones de años surgen los homínidos (línea de primates de la cual evoluciona el hombre). A los 4 millones de años apareció el Australopithecus, el homínido del que se derivó el género Homo hace 2.5 millones de años y que se dispersa por África, Europa y Asia. Luego a 1.5 millones de años surge el Homo erectus, luego el Homo Sapiens hace 250 mil años y finalmente hace 50 mil años aparece el Homo sapiens sapiens (el hombre actual).
Dios terminó su trabajo el séptimo día, lo bendijo y descansó.	Igualmente, luego de nuestro surgimiento evolutivo, no ha habido ningún nuevo proceso transformador significativo hasta la fecha en el sumario de la vida ¿acaso somos el propósito final del proceso evolutivo? ¿coincidencia o qué?

* Hay variaciones de palabras según la versión bíblica que se use, sin embargo, la concordancia cronológica se mantiene.

Como hemos visto, hay una alta concordancia en el orden o secuencia bíblica con la cronología que ha determinado la ciencia. Y al igual que el relato bíblico, hay también otras culturas antiguas con procesos de formación bastantes similares.

Ante esto la gran pregunta es: ¿Cómo pudieron los antiguos religiosos saber ese proceso con bastante coherencia desde hace miles de años? ¿Simple intuición de alta coincidencia o conocimiento adquirido de alguna fuente? (divina, extraterrestre, etc.) ¡Es una gran pregunta!

Otros aspectos también de bastante concordancia entre la religión y la ciencia son:

2.	**La zona de la primera civilización humana (Mesopotamia).**

La biblia dice que Adán y Eva (primeros seres creados por Dios) vivieron en el Edén, descrito entre el rio Éufrates y Tigris de la región de Mesopotamia

La ciencia (a través de la antropología y la arqueología) también indica que las primeras civilizaciones sedentarias nacieron en Mesopotamia hace unos 9.000 años: las culturas Hassuna, Samarra, Halaf y Obeid, antecesoras de Sumeria, Acadia y Babilonia.

3.	**El diluvio y el arca de Noé.**

Por un lado, son muchas las culturas antiguas, que a pesar de que no tuvieron contacto entre ellas (ni en tiempo, ni espacio) coinciden en tener dentro de sus relatos mitológicos o históricos, un acontecimiento similar al diluvio, lo cual abre la posibilidad de que este acontecimiento pudo haber sido real. Por otro lado, la ciencia también ha encontrado evidencia de esta posible ocurrencia, a través de los siguientes hallazgos y planteamientos:

➤	La teoría del mar muerto: indica que hace 12 mil años, gran parte de la superficie terrestre estaba cubierta de hielo (ultima era glacial)[17]. Pero luego este hielo comenzó a derretirse, que pudo haber traído severas inundaciones nunca vistas alrededor del mundo al elevarse el nivel de los océanos.

---

17 Llamada también Edad de hielo, es la última de cuatro glaciaciones que iniciaron hace 110.000 años y finalizó hacia el 10.000 a.C. En este periodo, extensas zonas de la superficie terrestre fueron cubiertas por casquetes de hielo y el clima se enfrió a nivel global, afectando incluso zonas tropicales y donde algunas zonas, hoy áridas, tuvieron mayores precipitaciones.

Sobre esto, arqueólogos han encontrado restos de un barco naufragado, antiguas cerámicas y restos de personas que murieron en un gran diluvio en el Mar Negro hace unos 7000 años.

Y la datación de Carbono 14 de conchas encontradas a lo largo de la costa antigua del mar muerto, también indica que alrededor de 5.000 A.C. ocurrió una inundación catastrófica, lo cual, según muchos estudiosos, es la fecha que se dice ocurrió el diluvio de Noé.

También se han encontrado formaciones sedimentarias gigantes y continentales en casi todo el globo que son características de inundaciones, con medidas verticales en cientos de metros y laterales en miles de kilómetros. ¿Son estas rocas sedimentarias la prueba de la gran inundación de Noé?

➤ Otra teoría considera que el diluvio de Noé pudo haber estado inspirado por "la Epopeya de Gilgamesh" una de las antiguas historias de Mesopotamia, que señala la ocurrencia de varias inundaciones (siglos antes de la historia de Noé) y que se transmitió de una generación a otra.

Entonces ¿es el relato de Noé solo la secuencia de esa misma epopeya? recordemos la posible influencia que pudo haber tenido el código de Hammurabi sobre las leyes de moisés.

De hecho, los relatos mesopotámicos dicen que los dioses envían un diluvio para acabar con los seres humanos, y elijen a un hombre para sobrevivir. ¿Construye un barco y trae a los animales a tierra en una montaña y vive feliz después? *diría que es la misma historia* dice el arqueólogo bíblico Eric Cline.

4. **Mundos astrales:**

Básicamente las religiones orientales (hindú, budista, etc.) desde hace miles de años indican que existen los mundos astrales, que serían como otras dimensiones a la cual el ser humano tiene la facultad de poder acceder (siendo parte de su filosofía esotérica). Y ahora la física cuántica, a través de sus modelos teóricos, sustentan la posibilidad de la existencia de universos paralelos, concordando con estas religiones.

5. **Poderes psíquicos:**

Igualmente, las religiones orientales nos dicen que el hombre tiene otras facultades psíquicas que puede alcanzar a medida que desarrolla sus chakras (centros de energía dentro del cuerpo humano). Y ya vimos en el capítulo IV, punto 1, que esto ya no es místico, ya que ahora es un campo de estudio por parte de la ciencia para llegar a su mayor comprensión y desarrollo.

6. **Consciencia cósmica:**

Esto es algo que también ha sido indicado por las religiones orientales y que nosotros ya vimos la probabilidad de ser en base a los soportes que nos da hoy la ciencia (¿es el ajusto fino del universo una muestra de conciencia?).

7. **Que Dios es amor:**

El aspecto más común señalado por todas las religiones del mundo y que también ya hemos visto aquí su probabilidad de ser, considerando la base científica que lo soporta y del hallazgo que el amor es el reflejo de valores y patrones universales y que puede ser la ley de todo que rige el universo.

2. Entonces ¿son la ciencia y la religión opuestos o convergentes?

En base a estos ejemplos que vimos (y que pueden haber más), podemos decir entonces que hay una sinergia entre la religión y la ciencia y que no son tan opuestas como aparentan, ya que al final vemos que, lo que la ciencia descubre, la religión ya lo dice de hace miles de años, lo que nos lleva a una gran pregunta:

3. ¿Cómo es que las religiones antiguas ya sabían todo esto?

Si hay cosas que hasta ahora la científica confirma ¿cómo pudieron antiguos religiosos saber de ellas hace miles de años? Ejemplo, la precisión con el proceso cronológico de la creación, los universos paralelos (mundos astrales), etc. Como ya dijimos ¿es una simple intuición de gran coincidencia o acaso es un conocimiento obtenido de alguna fuente? (extraterrestre, divina, etc.)

El hecho que muchas religiones ya indicaban de que Dios es amor y conciencia cósmica, lo podemos atribuir a que es una intuición innata en nosotros porque somos también energía y porque los valores son transversales y universales como ya vimos (en todo tiempo y proceso).

Además, podemos decir que los hechos históricos bíblicos se transmitieron de una generación que lo vivió a otra, ¿pero como se explica que estos hechos sean tan concordantes con la ciencia de hoy?

¿Cómo es que la cronología bíblica de la creación que fue contada hace miles de años sea tan precisa con la cronología de la ciencia moderna? ¿Cómo se explica que estas culturas antiguas tuvieran ese conocimiento tan preciso?

¡Qué la ciencia me explique esto!

¿Es entonces la semejanza entre biblia y ciencia una coincidencia o una conciencia inducida?

4. ¿Es entonces la religión una guía o ruta para la ciencia?

Hasta el momento se ha considerado a la religión como una guía espiritual para el ser humano, pero, al tener la religión estos grandes conocimientos previos que luego la ciencia viene confirmando gradualmente, no lleva a la siguiente gran pregunta:

¿Es acaso la religión también una guía de conocimientos anticipados que están "ocultos" y que la ciencia debe descifrar para anticipar o validar?

¿Es acaso el apocalipsis una guía de conocimiento anticipados a descifrar o descubrir? (los cataclismos, el nuevo cielo y la nueva tierra, la nueva Jerusalén, el nuevo orden de cosas, la muerte no será más, la resurrección de los muertos, etc.). Vale indicar que hoy estamos avanzando cada vez más en diversos campos de la ciencia que apuntan a que un día la prolongación de la vida será posible.

Entonces ¿debe la ciencia considerar ahora a la biblia u otros libros religiosos como una fuente de información oculta posible?

De ahí la importancia de la madurez que el hombre debe alcanzar para que pueda hacer buen uso de la ciencia y de los conocimientos nuevos por venir, y no caer al mismo uso de auto exterminio que hasta hoy hemos hecho con la ciencia.

Capítulo IX
Estar preparados ante los nuevos conocimientos por venir.

En el capítulo IV, punto 1, ya se expusieron algunos descubrimientos de la ciencia cuántica, tales como:

- Que el universo está escrito en claves matemáticas (y que éstas a su vez se pueden expresar en lenguaje musical).

- Que el vacío absoluto no existe (ya que siempre hay fluctuaciones energéticas a niveles cuánticos en todo espacio, lo que sustenta que el universo es en sí un campo energético en su conjunto).

- Que la materia aparece de la nada a través del bosón de Higss (llamada también la partícula de Dios)

- Que la materia tiene un comportamiento dual (al actuar como onda y como partícula a la misma vez) y que existe una interconexión cuántica entre las partículas (lo que indica que dos partículas pueden estar entrelazadas, y que todo lo que a una le pase, la otra lo hará al instante, independiente del tiempo y el espacio, ya que este entrelazamiento cuántico es 10 mil veces más rápido que la luz).

- La teletransportación cuántica o de una partícula de átomo (ya comprobado científicamente).

- Que el pensamiento modifica la materia (experimento sujeto a mayor validación).

Concluíamos en ese capítulo, que estos avances nos mostraban que realmente somos ondas energéticas interconectadas, y que hay una conciencia que, al ser guiada por el sentimiento de amor, crea un orden.

Ahora tenemos nuevos adelantos de la ciencia que nos llevan a reforzar la posibilidad de una conciencia cósmica, así como nuevos conocimientos que transformaran nuestra visión actual del universo y de nosotros mismos, para los cuales debemos estar maduramente preparados para hacer un uso adecuado de ellos.

Estos nuevos avances serán un nuevo ¡Boom! de conocimiento, similar al boom que sucedió hace uno o dos siglos, cuando el hombre, después de diez mil años de civilización, logro de repente entrar a una gran revolución científica, inventando la máquina de vapor, descubrir la electricidad, desarrollar el telégrafo, la radio, la aviación, la televisión, etc. Todos estos aspectos marcaron el inicio de la era moderna y transformó los preconceptos de la época, tanto en el campo científico como religioso. Además, modificó las relaciones productivas y sociales y generó una nueva perspectiva de las potencialidades del ser humano y de su futuro mismo.

De igual manera sucederá con el nuevo ¡Boom! sobre los conocimientos a venir, que transformarán nuevamente la visión del mundo y rebatirá los fundamentos tradicionales de la ciencia y la religión existentes hasta hoy y que marcaran otra vez el inicio de una nueva era y una nueva conciencia sobre nuestro mundo y nuestra existencia. Y aunque ahorita estamos dando los primeros pasos en estos nuevos hallazgos, pronto desencadenaran otra nueva era de consciencia humana.

Conozcamos cuales son estos.

1. Nuevos descubrimientos por venir y preguntas filosóficas que abren

Algunos de estos avances a resaltar aquí (y que ya abordamos algunos de ellos) sirven también de soporte al tema central analizado por el autor (la posibilidad de la existencia de una consciencia creadora). Estos son:

➢ **La constante de ajuste del universo:**

Ya abordado y que nos indica que las leyes físicas de la naturaleza están finamente ajustadas, de tal manera que, si variáramos alguna de ellas en un ínfimo porcentaje, la vida simplemente no existiría. Lo que nos lleva a siguiente pregunta:

¿Las condiciones fueron establecidas para crearnos a nosotros? ¿o simplemente surgimos adaptados a esas condiciones?

- Si fuimos creados bajo condiciones preestablecidas para tal fin, es lógico esperar que, si estas cambian, nosotros obviamente no podríamos existir porque dependemos de ellas. ¡simple!

- Pero si la vida se abrió paso ajustándose a esas condiciones, entonces la vida podría existir en cualquier otras condiciones o ambiente, no solo bajo estas (la constante ajuste del universo). Hay que recordar que ya hemos descubierto vida donde antes pensábamos ciegamente que no podía existir.

Ahora, esto no resta la posibilidad de una conciencia creadora, ya que podemos:

✓ Crear condiciones para luego producir algo (ejemplo, crear las condiciones de un invernadero para luego producir algún cultivo).

✓ O bien, usar las condiciones que ya existen para crear algo (ejemplo, aprovechar el fango y la hierba para producir ladrillos de adobe y crear una casa).

Y lo que hemos visto es que, independientemente de que las cosas fueron <u>creadas o aprovechadas</u>, estas tienen marcado un orden específico dirigido a crear algo, que difícilmente podría haber sido al azar. ¡ese es el punto!

Es como un juego Lego, que, aunque las piezas existan (creadas o no) no pueden formar nada armonioso por un simple azar, requieren de una conciencia que le dé un orden específico para crear algo. Eso es lo que la ciencia ha descubierto con el universo (con sus propios hallazgos científicos) pero que se niega a aceptar o verlo así.

Esto es también como si llegáramos al planeta martes y nos encontramos ahí con una silla, ¿qué es lo primero que asumiríamos?

A. ¿Qué fue el azar que ordeno gradualmente todos sus elementos para crearla?

B. ¿O sencillamente asumimos la existencia de vida inteligente que la creó?

Si a veces con una simple piedra encontrada con cierta simetría, ya estamos especulando la posibilidad que una inteligencia intervino en ella, entonces ¿Por qué nos resistimos a ver las señales que nos da el universo?

Pues, eso mismo nos pasa, que no queremos ver (por misticismo) lo simple frente a nosotros.

> **Otro gran planteamiento científico son la posible existencia de multi universos:**

Estas teorías indican que puede haber varios universos, el nuestro y otros más aledaños (aún en planteamientos teóricos, no confirmado).

> **La teoría de las cuerdas:**

Esta indica la probabilidad de que las partículas eleméntales que forman la materia no tienen forma de un punto, sino, que tienen formas de cuerdas que vibran y que, mientras mayor es su nivel de vibración, entonces la materia alcanza otras dimensiones. Por tanto, se indica que existen hasta 11 dimensiones o universos paralelos, o sea, otras dimensiones junto a las nuestras (igualmente esto en teoría, aún no confirmado).

> **La existencia del alma**

Un hallazgo científico efectuado por los doctores Stuart Hameroff y Sir Roger Penrose, quienes trabajan desde 1996 en una teoría cuántica de la conciencia, afirman la existencia del alma y que ésta no muere, sino que regresa al universo. Indicando que el alma existe como información cuántica y que entra al cuerpo a través de la glándula pineal y se aloja en microtúbulos de las células cerebrales, y que cuando uno muere los microtúbulos pierden su estado cuántico, pero la información cuántica guardada en ellos no se destruye, sino que se disipa en el universo existiendo fuera del cuerpo indefinidamente y en el caso que un paciente es resucitado, su información cuántica regresa a los microtúbulos.

Esto nos llevaría a la siguiente pregunta:

¿Se podría un día retener esa información cuántica y de esta manera hacer que el Alma (la conciencia de una persona) pueda existir por siempre?

Mientras tanto, de validarse más este hallazgo (la existencia del Alma), se afirmaría que realmente somos energía con algún grado de consciencia y que volvemos a ella, y que la consciencia sería, por tanto, una característica intrínseca en los seres vivos (que luego acrecentamos dentro de nuestro proceso evolutivo).

Explicaría, además, el por qué tenemos un patrón de comportamiento universal y el por qué existe una gran coincidencia en los planteamientos filosóficos de las religiones. A su vez, daría un respaldo a la famosa experiencia de salir del cuerpo y ver la luz al final del túnel que muchos relatan tener en momentos cercanos a la muerte.

Vale aquí aclarar los conceptos de alma y espíritu utilizados por el autor de este libro:

Alma: consciencia intrínseca a todo ser (no solo humano) y que no muere para tener existencia fuera del cuerpo (en un estado superior o no, según el desarrollo alcanzado de esa conciencia intrínseca).

Gen 1:24 *"Y dijo Dios: Produzca la tierra almas vivientes según su género, bestias y reptiles y fieras de la tierra según su género; y fue así".*

Espíritu: la parte espiritual, psíquica o mental del ser humano (desde la perspectiva emocional e intelectiva), referente a su actitud frente a la vida (de acción, discernimiento, sentido de propósito, justicia, etc.)

El espíritu es, por tanto, la cualidad que guía la acción del ser humano (según el nivel de conciencia que tiene sobre sí mismo y su entorno), y el que nos impulsa a la vez a desarrollar nuestra propia consciencia para lograr trascender o no nuestra alma luego de nuestra existencia corpórea (siendo un círculo virtuoso: más conciencia = más espíritu de acción = más consciencia).

Juan 16:13 Pero cuando venga el Espíritu de verdad, él os guiará a toda la verdad...

> **Mantener vivo al cerebro sin cuerpo**

Otro experimento interesante desarrollado últimamente, es que científicos de la Universidad de Yale han lograron mantener vivos los cerebros de cerdos decapitados por 36 horas, lo cual podría cambiar nuestra definición de muerte. Este hallazgo nos llevaría también a nuevas preguntas como:

¿Se podrá extender la vida si un día se logra mantener vivo un cerebro humano fuera del cuerpo y luego trasplantarlo a otro cuerpo?

> **Memoria celular**

Este es otro descubrimiento que se observó en los trasplantes de órganos, donde los receptores del órgano indican experimentar experiencias, gustos y otras sensaciones extraños a ellos y que eran propios del donador, lo que induce a los científicos a suponer que la memoria no se guarda solo en el cerebro, sino también en las células. Esto hace que las células no sirvan solo para heredamos rasgos genéticos, sino también vivencias.

> **Células como entidades individuales inteligentes**

Otro avance dice que las células (ejemplo las células inmunológicas) actúan como entidades individuales inteligentes (una inteligencia aparte de la del cerebro), las cuales escuchan nuestros pensamientos y tienen emociones que se transmiten a través del cerebro, y aunque el cerebro no es la fuente de los pensamientos, este crea las condiciones para expresarlos.

> **Corazón con inteligencia propia**

Según la ciencia de la nuerocardiología, el corazón tiene una inteligencia propia, aprende, recuerda y realiza decisiones funcionales independientes de la corteza cerebral, fungiendo también como un órgano sensorial para recibir y procesar información y que transmite al cerebro y al resto del cuerpo al interactuar a través de un campo eléctrico (aparte de la extensa red de comunicación nerviosa que conecta al corazón con el cerebro y demás partes del cuerpo).

Este componente magnético que genera el corazón penetra cada célula del cuerpo ya que es 5 mil veces más fuerte que el campo magnético que produce el cerebro. Estos hallazgos sugieren, por tanto, que la conciencia no solo emerge del cerebro, sino también del cuerpo (a través del corazón) actuando juntos.

¿Será por eso por lo que para muchos el corazón es la fuente de la conciencia de nuestros sentimientos? Si es así ¿Entonces el corazón influye en la acción del cerebro? ¿Y será que cuándo se trasplanta un corazón se trasplanta también parte de esa conciencia del donante?

2. Otras preguntas filosóficas pendientes:

No obstante, a lo que hemos visto, hay aún grandes preguntas que iremos respondiendo en la medida que más avancemos en la ciencia, entre estas:

1. **¿Somos una matrix?**

   Ya algunos científicos consideran la posibilidad de que vivimos dentro de una simulación y que la mayor prueba es el Universo mismo, donde todo está diseñado para encajar perfectamente, además, que el Universo parece funcionar en líneas matemáticas como si fuera un programa de computación similar a las simulaciones que nosotros ya hacemos para videojuegos e investigaciones científicas. Entonces ¿Quién dice que dentro de poco no seremos capaces de crear seres virtuales que muestren señales de conciencia?

2. **¿Somos hacia afuera parte de un cuerpo? ¿somos hacia dentro un universo mismo?**

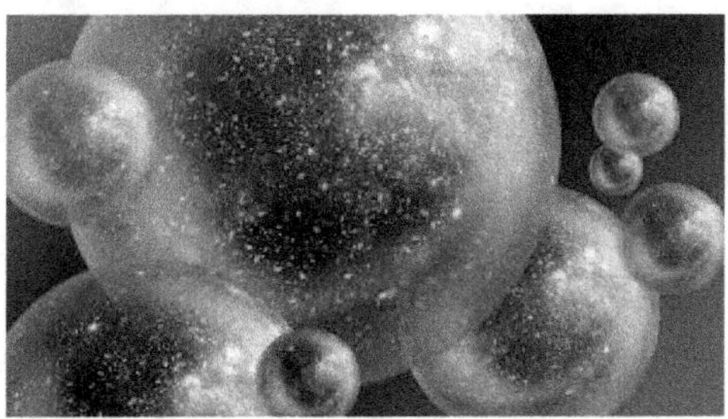

   Si existen los multi universos ¿qué hay después de esto? ¿acaso serán los multi universos las piezas (o partículas) de una estructura mayor?

   Por otro lado, ya vimos que la materia está constituida de quarks (la unidad básica hasta hoy descubierta), sin embargo, hoy se cree que los mismos quarks están constituidos de otras subpartículas llamadas Preones (teoría aun no confirmada). Y si se logra confirmar la existencia de los Preones, ¿será que luego descubramos que estos Preones estén también constituidos de otras subpartículas y así sucesivamente?

3. **¿Estamos creando un nuevo tipo de vida?**

   Primero la computadora, luego el robot y ahora hacia la inteligencia artificial, ¿acaso estamos en un proceso de crear un nuevo tipo de vida?

¿se harán realidad las películas donde las maquinas adquieren conciencia? ¿Habremos surgido nosotros mismo así, creados por una inteligencia anterior?

4. **Si Dios es espíritu de amor o energía consciente ¿de dónde surgen ambos?**

¿Tiene Dios (creador-creación) una necesidad en sí mismo para existir? Si es así ¿Cuál sería esta?

Aunque al final hay muchas preguntas que hoy no podemos responder, sí hoy estamos claros de cómo debemos vivir: guiados por los valores universales (Dios) que lo rigen todo y que nos llevan poco a poco a las grandes respuestas.

No debemos vivir más en los eternos debates filosóficos de que, si Dios existe o no, si es energía o no, si somos creados o no, etc. Construyamos un mundo regido por los valores universales, no por dogmas e ideologías vanas.

Otras curiosidades que la ciencia debe responder:

5. **¿Inteligencia microscópica o azar?**

Hace 3,500 millones de años surgen los primeros signos de vida primitiva en los fondos marinos: las bacterias y procariotas unicelulares. Originadas cuando pequeños grupos de átomos se unieron para formar moléculas orgánicas, que luego se fueron agrupando poco a poco hasta formar las primeras estructuras dotadas de vida, capaces ya de realizar los procesos vitales de nutrición y reproducción.

La gran pregunta es:

¿Cómo es que, a ese nivel evolutivo tan bajo, estas estructuras lograron establecer un mapa genético para su continuidad como especie? ¿acaso el hecho mismo de establecer un mecanismo de reproducción así de complejo no requiere de un previo razonamiento para identificar una problemática, una necesidad y una solución viable a ese problema? Entonces ¿con que inteligencia llegaron a definir ese proceso en un estado tan involutivo?

¿Qué condujo a las moléculas a juntarse y ordenarse de tal manera para lograr ese fin? ¿es esto evidencia de una conciencia implícita? ¿un simple instinto? ¿o simple azar?

6. ¿Evolución o creación?

Si todos los seres vivos son una secuencia evolutiva desde una procariota hasta el ser humano de hoy ¿por qué los eslabones que iniciaron cada etapa evolutiva siguen siendo los mismos hasta hoy sin ningún cambio? Las procariotas siguen siendo procariotas, el mono sigue siendo mono, etc.

Por ejemplo, si el hombre evoluciono del mono ¿Porque solo están vivos el eslabón inicial y el final y no los intermedios? si se supone que cada nuevo eslabón es evolutivamente superior al anterior para sobrevivir, entonces ¿Por qué no está vivo el Australopiteco o el Homo Erectus y el mono sí?

Unos dicen que no están porque fueron mutaciones aisladas. Entonces, si fueron aisladas con poca población ¿significa que existieron solo para dejar el siguiente eslabón? De ser así ¿fue entonces un proceso planificado?

Y si el mono aún existe ¿por qué no han surgido otra vez nuevos estabones de él? ¿acaso el proceso termino con nosotros? ¿o acaso seremos nosotros también un eslabón más para otro ser más evolutivo o superior futuro?

Con esto no quiero inducir hacia ninguna opinión creacionista o evolucionista, solo abrir nuestras reflexiones.

7. ¿Regulación inducida?

¿Porque el crecimiento poblacional mundial, mantiene históricamente un balance bastante proporcional entre hombres y mujeres si se supone que el cruce es un azar? ¿Acaso la naturaleza se autorregula? Si es así ¿Cómo sabe la naturaleza cuando se desajusta, como ajustarse y cuando parar si el cruce es un azar?

Por ejemplo, en estos gráficos sobre la población de España observamos que la proporción se mantiene muy similar, aunque la pirámide varié en el tiempo.

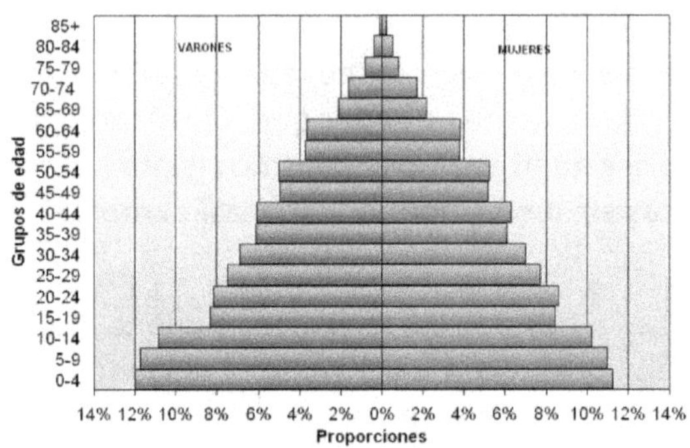

Pirámide de población de España, año 1900

Pirámide de población de España, año 1950

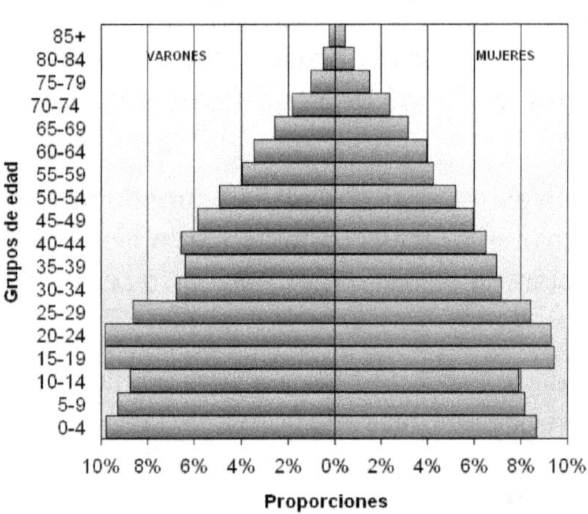

Fuente: Instituto Nacional de Estadística. Censo de 1950

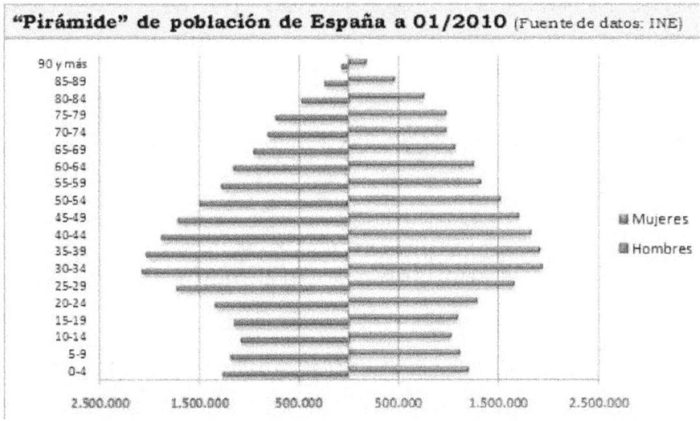

Toda la historia humana y en todas parte del mundo ha sido generalmente así, y aunque hay países que luego de una guerra su balance de género es afectada (ya que normalmente mueren más hombres que mujeres), con el tiempo la proporción se regula nuevamente a la tendencia histórica. Entonces ¿Qué mecanismo detectan ese desequilibrio? ¿qué mecanismo activan su regulación? ¿y que mecanismo lo frenan cuando ya se alcanza el balance requerido?

8. **Sobre las condiciones requeridas para el desarrollo de la vida.**

¿Se establece un orden (leyes) para producir y regir la vida? (la constante de ajuste del universo) ¿o las leyes son un simple derivado del proceso natural? si las leyes son un resultado del azar ¿Por qué actúan como sistema determinista y no siguen un patrón azaroso o caótico si nacieron de esa forma? ¿o es esto otra prueba de que la vida va del caos hacia el orden? evolucionando gradualmente de un azar caótico (como nace) hacia un orden determinista (como termina).

Entonces ¿es el ordenamiento de las partículas y las fuerzas elementales para crear la vida un resultado del azar o algo conducido? Por tanto ¿se crean las condiciones para crear vida o la vida surge de las condiciones dadas? ¿hubiera surgido la vida bajo otras constantes de ajustes? ¿Qué pruebas tenemos para decir que no es posible?

Puede haber más interesantes preguntas y otras reflexiones filosóficas (ver anexo 5), no obstante, estas indicadas sirven de ejemplo del porqué debemos ahora caminar con madurez espiritual e intelectual (sin choque entre ciencia y religión) para poder seguir conociendo a Dios a través de la misma razón y espíritu que nos dio, comprendiendo que "La conciencia de nuestra ignorancia es lo que nos hace humanos para aprender cada día más".

3. El reto a que conllevan estos nuevos conocimientos.

No obstante, estos nuevos conocimientos obtenidos nos llevan otra vez al mismo problema histórico del hombre: Su inmadurez para darle un buen uso.

Recordemos que descubrimos el fuego y lo usamos como arma, descubrimos la pólvora y la usamos para matar, la energía atómica y ya sabemos lo que se hizo con ella, heredamos el paraíso y lo estamos destruyendo.

Por eso ahora comprendo cuando Dios dijo:

"Del árbol del conocimiento no comerás, porque cuando de él comas morirás"

Ya que sabía que el ser humano no estaba aún maduro para su uso.

¿Qué crees que el hombre hará ahora con esos nuevos conocimientos, sino está preparado maduramente para ello?

De ahí que el reto es lograr que el hombre este maduramente preparado para hacer buen uso de estos nuevos conocimientos por venir, ya que la ciencia no debe seguir siendo un instrumento, ni para matar, ni para temer, sino, una herramienta para inducir nuestro propio desarrollo y conocimiento de Dios.

Y si no es así, entonces pregunto ¿para qué Dios nos daría la vida y la inteligencia?

4. ¿Cuál debe ser la posición de la religión ante estos nuevos avances?

En principio, aceptar que vivimos en un mundo de continuo cambio tecnológico y cultural, por ende, la religión debe admitir los nuevos avances de la ciencia y los nuevos caminos a que nos llevan estos nuevos conocimientos.

Por ejemplo, un equipo de científicos de la Universidad de Yale logró mantener vivos los cerebros de cerdos decapitados por 36 horas. Esto podría cambiar la definición de lo que es la muerte y nos lleva a nuevas preguntas: ¿se podrá extender la vida si algún día se logra mantener vivo un cerebro humano fuera del cuerpo y luego trasplantarlo a otro?

¿Y si se descubre vida en otro planeta o galaxia, o se confirma la existencia de otra dimensión, etc.? obviamente que esto se contrapondría nuevamente a algunos dogmas religiosos, entonces ¿qué debe hacer la religión ante esto? ¿condenar a la ciencia como lo hizo con Galileo Galilei? ¿o abrirse a estas nuevas perspectivas de lo que es la vida misma y modificar sus conceptos?

Recordemos que la religión en su momento negó la evolución, de igual manera, antes considerábamos ficción el poder volar, llegar a la luna, comunicarnos a distancia, etc. Por tanto, estos nuevos descubrimientos van a seguir surgiendo y confrontaran nuevamente las doctrinas religiosas.

Así que, la posición de la religión no debe ser "el cómo enfrentar esta situación", sino "el cómo asumirla con madurez y responsabilidad", no con miedo a que esto debilite sus fundamentos, sino, como esto consolida cada vez más el conocimiento de Dios.

5. ¿Qué debemos hacer?

Por ende, es necesario el cambio del intelectualismo, esquematismo y misticismo actual hacia un pensamiento libre, maduro y natural (con menos ataduras dogmáticas y viviendo más en valores), que lleve al hombre a nuevas fronteras del conocimiento (tanto hacia su mundo interno como externo), a través de una religión madura que pueda abrazar a la ciencia como un miembro más de su cuerpo (no un adversario) y así cumplir con su rol asignado:

Conducir al hombre al cambio (interno y externo) y al alcance del conocimiento verdadero, fomentando una plena conciencia y madurez en sus actos, que nos lleve a la confirmación de la fe y no a su confrontación, ya que...

"Al buscar y conocer el orden de las cosas, vamos conociendo a Dios dentro y fuera de nosotros".

La biblia misma dice cosas nuevas a venir:

Ap 21:1-8 Nuevo cielo y nueva tierra; nueva Jerusalén descenderá de los cielos; ya no habrá muerte.

Ap 21:23 La ciudad no tendrá necesidad de sol ni de luna que la iluminen, porque Dios la iluminará.

Ap 21:22 No habrá templo, ya que Dios estará en cada uno de ellos.

¿Estamos realmente maduros y preparados para esto?

6. Lo que he hecho como autor

Basado en todo lo expuesto a lo largo del libro, se puede decir que lo único que he hecho como autor, es conocer los avances de la ciencia e identificar como estos tiende a dar ciertos soportes a la viabilidad de muchos aspectos indicados por las religiones desde hace miles de años, por ejemplo:

- Que Dios es amor (religiones occidentales).

- Que Dios es energía y/o conciencia cósmica (religiones orientales).

- Que Dios es omnipresente, omnipotente y omnisciente (¿la misma energía cósmica por sus características similares?).

- La posibilidad del desarrollo de facultades extrasensoriales (resaltadas en las filosofías hindúes y orientales).

- La posibilidad de la existencia de algo más allá de nuestro mundo físico (otras dimensiones o mundos astrales como le llaman algunas religiones, etc.)

Por tanto, no he negado, ni contradicho ninguna religión, ni a la ciencia, sino, encontrar su complementariedad y con esto, validar la Fe (el creer en una entidad consciente creadora) a través de las bases que nos dan la misma ciencia y la religión, partiendo del planteamiento de que Dios nos dio la razón para que a través de ella le conozcamos, ya que la "razón" no la creo el hombre, la sembró Dios en nosotros para ese fin, sin embargo, nos encasillamos y nos limitamos a querer ver más allá por la simple ceguera de nuestros errados preceptos religiosos e intelectuales.

Capitulo X
Conclusión de este tercer libro

Quiero recordar que los motivos para la realización de esta triada de libros, fue el poder hallar las respuestas a las dos grandes inquietudes existenciales que siempre han inquietado al ser humano.

La primera enfocada a comprender el mundo en que vivimos: ¿Por qué por miles de años siempre hay guerras, hambrunas, crisis, racismo, inequidad, etc.? ¿Cuáles son los factores que crean la continuidad de estos males sociales a pesar de nuestros grandes avances técnicos, culturales y económicos? ¿Hacia dónde vamos si continuamos así? ¿Y qué debemos hacer para cambiar esto? Estas preguntas se responden en el libro 1: Nuestra irracional historia humana.

La segunda gran inquietud se responde con el presente libro, y está enfocada a comprender nuestra razón existencial: ¿Qué somos? ¿De dónde venimos y hacia dónde vamos? ¿existe algo más allá? ¿Y cuál es o debe ser nuestra razón existencial como ser humano y como sociedad humana?

Así que, para hallar esta última respuesta se procedió a conocer los avances de la ciencia y su relación con los aspectos religiosos para identificar pistas conductoras entre ambas, siendo los principales hallazgos los siguientes:

Que todo el universo es energía y que nosotros también somos energía procedente de ese universo, el cual es un sistema que actúa bajo leyes o principios universales con el fin de establecer un orden y crear la vida bajo un proceso armonioso y dinámico, lo cual induce que es un sistema predeterminado, no azaroso (aparentemente consciente).

También se demostró que estas leyes son transversales a todos nuestros sistemas, actuando como valores universales, los que al final se agrupan en un solo gran valor universal llamado ''Amor'' el cual es el factor final que rige todo lo que existe, relacionándose, por tanto, que "Dios" es ese valor universal, ese espíritu de amor consciente.

Con esto, se concluye que el universo actúa como un sistema guiado por el amor (patrón conjunto de sus leyes) como fuerza fundamental que rige todo. Y que si nosotros nos guiamos por ese valor o espíritu universal (ya innato en nosotros, pero limitado por nuestros egos) entonces estaremos armonizando con la naturaleza en una misma vibración y frecuencia, y, por ende, inferir en transformar nuestro propio ser, entorno y destino.

Siendo, por tanto, nuestra razón existencial, el poder desarrollar esa conciencia y conexión con ese valor universal (en lo espiritual y social) para transformarnos, trascender y actuar también como fuerza creadora.

Claros en esto, el autor nos motiva a actuar hacia este propósito, enseñándonos lo que debemos hacer para lograr esa madures racional y espiritual (capítulo V), y no seguir en nuestro errado actuar histórico, ni llegar a un caos como sociedad humana. Si quieres se parte de esto, ¡Bienvenido!

ANEXO 1
Las partículas elementales y las fuerzas fundamentales

Partículas elementales				
1. Bosones Portadoras de fuerza	**1. Bosón de Higgs** (último descubierto)	Crea la masa de todas las partículas (Quarks y Leptones)	Y de estas partículas se crea toda la materia	
	2. Gluones	Generan la fuerza nuclear fuerte	Mantiene unido a los quarks que forman el protón y neutrón (que a su vez forman el núcleo del átomo)	
	3. Fotones	Generan la fuerza electromagnética	Mantiene unido al átomo en su conjunto (al núcleo y los electrones que lo orbitan)	
	4. Gravitones	Generan la fuerza gravitatoria	Rige el movimiento de los cuerpos creados (planetas, estrellas, etc.)	
	5. Bosones (W, Z)	Generan la fuerza nuclear débil	Provoca desintegraciones radiactivas	
2. Fermiones Formadoras de la materia	**1. Quarks** (del tipo u,c,t,d,s,b)	Hadrones (las partículas formadas solo por quarks y que además interactúan con la fuerza nuclear fuerte)	1. Mesones (formados por 2 partículas de Quarks)	
			2. Bariones (formados por 3 partículas de Quarks; y son los que crean el protón y neutrón en el núcleo del átomo)	
	2. Leptones	El resto de partículas existentes (que no son quarks) y que actúan bastante libres (con poca o nula interacción nuclear fuerte)	1. Electrón	
			2. Neutrinos (electrónico, muonico y tauonico)	
			3. Muon	
			4. Tauon	

En principio, tenemos ya las bases para decir que estamos constituidos de Bioelementos, los cuales constituyen el 96% de la materia viva. Estos son: Carbono, Oxígeno, Hidrógeno, Nitrógeno, Azufre y Fósforo. El 4% restante son bioelementos secundarios como Sodio, Calcio, Potasio, Hierro, etc.

Y que las agrupaciones de los bioelementos forman luego las Biomoléculas orgánicas como: los glúcidos, lípidos, proteínas y ácidos nucleicos, los cuales conforman finalmente la estructura de los seres vivos.

Veamos ahora un ejemplo, con el cual se detalla claramente la composición química que tenemos los seres humanos, usando como referencia la composición que tendría una persona con peso de 70 kg el cual estaría constituida de la siguiente manera:

En kilogramos:	En gramos:	En miligramos:	En microgramos:
Oxígeno: 43 kg	Fósforo: 780.00 gr	Cobre: 72 mg	Samario: 50.00 µg
Carbono: 16.00 kg	Potasio: 140.00 gr	Aluminio: 60 mg	Berilio: 36.00 µg
Hidrógeno: 7.0 kg	Azufre: 140.00 gr	Cadmino: 50 mg	Tungsteno: 20 µg
Nitrógeno: 1.80 kg	Sodio: 100.00 gr	Cerio: 40.00 mg	
Calcio: 1.00 kg	Cloro: 95.00 gr	Bario: 22.00 mg	
	Magnesio: 19 gr	Yodo: 20 mg	
	Hierro: 4.20 gr	Estaño: 20.00 mg	
	Fluor: 2.60 gr	Titanio: 20.00 mg	
	Cinc: 2.30 gr	Boro: 18.00 mg	
	Silicio: 1.00 gr	Niquel: 15.00 mg	
	Rubidio: 0.68 gr	Selenio: 15.00 mg	
	Estroncio: 0.32 gr	Cromo: 14.00 mg	
	Bromo: 0.26 gr	Manganeso: 12 mg	
	Plomo: 0.12 gr	Arsénico: 7.00 mg	
		Litio: 7.00 mg	
		Cesio: 6.00 mg	
		Mercurio: 6.00 mg	
		Germanio: 5.00 mg	
		Molibdeno: 5 mg	
		Cobalto: 3.00 mg	
		Antimonio: 2 mg	
		Plata: 2.00 mg	
		Niobio: 1.50 mg	
		Circonio: 1.00 mg	
		Lantanio: 0.80 mg	
		Galio: 0.70 mg	
		Telurio: 0.70 mg	
		Itrio: 0.60 mg	
		Bismuto: 0.50 mg	
		Talio: 0.50 mg	
		Indio: 0.40 mg	
		Oro: 0.20 mg	
		Escandio: 0.20 mg	
		Tantalio: 0.20 mg	
		Vanadio: 0.11 mg	
		Torio: 0.10 mg	
		Uranio: 0.10 mg	

Tal como vemos, estamos constituidos de una gran cantidad de elementos, que van desde los más comunes como las cadenas de carbono e hidrógeno, así como calcio, fósforo, oxigeno etc. hasta incorporar "commodities" como cobre, aluminio, hierro, oro, plata; Y finalmente hasta elementos radioactivos como uranio y torio. ¿Sabía usted eso?

Esto se dio bajo los siguientes pasos:

1. **La construcción de los elementos prebióticos.**

   Iniciemos retomando lo señalado anteriormente, que la continua combinación de los diferentes elementos compuestos creados, van dando formación a estructuras cada vez más complejas. Así por ejemplo tenemos:

   - La unión de H – O – H, resulta en AGUA: H_2O (monóxido de dihidrógeno.

   - La unión de O = C = O, resulta en: CO_2 (Dióxido de carbono)

   - Amoníaco (NH_3)

   Dentro de este proceso, hay que explicar que los átomos se unen entre sí, mediante enlaces covalentes, o sea, que los átomos (no metálicos) se unen cuando comparten electrones entre sí. También hay que indicar que las moléculas se van formando a partir de un átomo central que se establece dentro de la unión, y sobre el cual se van a ir uniendo a su rededor los demás átomos que integren la molécula. Veamos como ejemplo, la molécula de metano:

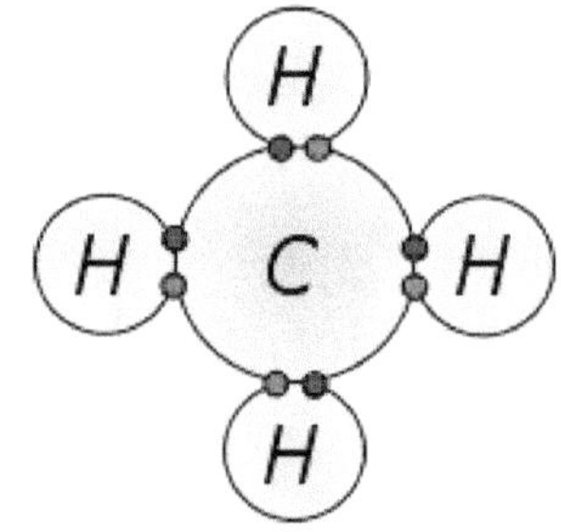

2. **La construcción de los aminoácidos.**

   Bajo este proceso se llegaron a formar las primeras moléculas de aminoácidos, al existir ya los componentes precursores para su formación. (y como ya dijimos, los aminoácidos son los "ladrillos" para la fabricación de las proteínas, vitales a la vez, para la constitución de los organismos vivos).

Siendo la estructura general de un aminoácido, la siguiente: un carbono central alfa (en negro) unido a un grupo carboxilo (rojo), un grupo amino (verde), un hidrogeno (negro) y la cadena lateral (azul), tal como se muestra a continuación:

amine   acide carboxylique

Donde "R" representa la *cadena lateral*, específica para cada aminoácido.

- Ya el experimento Miller-Urey (1953), demostró que, a partir de la mezcla de metano, hidrógeno (H_2), amoníaco (NH_3) - todos ya existentes en la atmósfera prebiótica – que junto con agua y descargas eléctricas (para simular el ambiente de hace 4,500 millones de años), se puede finalmente obtener aminoácido (13 de los 21 necesarios para la vida)[18], lo cual soporta la factibilidad de haber ocurrido este proceso.

- Vale agregar que la carencia de aminoácidos limita el desarrollo del organismo, al no poderse crear tejido nuevo para reponer las células de los tejidos muertos

3. **Construcción de las proteínas.**

Formados los aminoácidos, se forman las proteínas de la siguiente manera:

- La unión de varios aminoácidos da lugar a cadenas llamadas polipéptidos. Ahora, cuando la cadena de polipéptidos supera ya los 50 aminoácidos, se entonces formada ya una molécula de proteína.

- Las proteínas son las moléculas de máxima importancia constituyentes de los seres vivos, ya que realizan gran cantidad de funcio-

---

18 El experimento Miller-Urey, considero que el CO2 no existía en la atmósfera prebiótica terrestre. Otros opinan que si existía, siendo esto un debate hasta hoy con soportes de un lado y otro.

nes entre las que destacan: i) la estructural (colágeno y queratina); ii) reguladora (insulina y hormona del crecimiento); iii) transportadora (hemoglobina); iv) defensiva (anticuerpos); v) enzimática; vi) contráctil (actina y miosina); otras.

4. **La aparición de los nucleótidos, el ácido nucleico y el ARN.**

Como ya sabemos, una vez formadas las moléculas más pequeñas, comenzaron a reaccionar entre sí para formar moléculas cada vez más grandes y complejas.

Surgiendo así los nucleótidos, como el producto del ensamble de tres partes ya anteriormente formadas: una base nitrogenada, un grupo de fosfato y un azúcar. Constituyendo estos tres componentes "La molécula de nucleótidos".

Luego, la cadena formada de nucleótidos conllevo a formar "El ácido nucleico" (el cual se convierte luego en el responsable de la información genética de los seres vivos).

Ahora, de acuerdo con el tipo de azúcar que lleva el ácido nucleico, este va a constituir una molécula de ADN o ARN (es ADN si la azúcar es una desoxirribosa y ARN si es ribosa)

5. **El primer paso a la vida: La aparición del "Polímero Primordial".**

Un polímero es una molécula formada por la unión de muchas moléculas más pequeñas llamadas monómeros

Se estima que la vida pre-celular comenzó con la formación de polímeros que desarrollaron la capacidad de autorreplicarse. Considerándose desde entonces "una molécula viva" al alcanzar ya capacidad de acumular información genética y de reproducir copias de su propia estructura.

Evidencias recientes, indicaban que ese polímero primordial con capacidad autorreplicable pudo haber sido un ácido ribonucleico (ARN), en base a los siguientes hallazgos:

- Thomas Cech y Sidney Altman, premiados con el Nobel en 1989, encontraron que determinadas secuencias de ARN podían comportarse como una enzima (a la cual se llamó ribozimas)

- Que al igual que las proteínas enzimáticas, los ribozimas pueden dividir moléculas o unirlas; otros pueden realizar ambas funciones. Además, algunos son auto divisivos (capaces de seccionar una parte de la propia molécula y volver a unir los trozos resultantes); otros pueden cortar una parte de ellos mismos y moverla a otro lugar en la molécula; otros son capaces de ensamblar hebras de ARN.

- En base a esto se concluyó que, el ARN sería capaz de copiarse a sí mismo utilizando sólo componentes pertenecientes a su propia estructura.

- Sin embargo, se estima que el ARN no pudo haber tenido un ritmo de síntesis mayor al ritmo de descomposición que pudo haber sufrido por la radiación ultravioleta, hidrólisis o reacción con otras moléculas durante las condiciones primitivas de la tierra.

- Lo que ha llevado a plantear, en base a nuevas evidencias, que el polímetro primordial lo pudieron haber jugado los llamados "Falsos ARN" que son sustancias de comportamiento semejante, pero donde el azúcar ribosa, es simplemente reemplazado por otros compuestos como el glicerol, la acroleína y el eritrol (análogos de ribonucleósidos), los cuales tienen una mayor estabilidad que sí pudo haber permitido su acumulación en cantidades suficientes para formar los ácidos nucleósidos en los ambientes acuáticos de la Tierra primitiva.

- Así, sobre estos análogos del ARN, se pudo haber llegado a la formación del ARN actual (mediante la selección natural de aquellos polímeros de mayor capacidad de autoduplicación y resistencia al ambiente terrestre primitivo).

- En tal caso, los análogos del ARN pudieron ser los polímeros primordiales y, por ende, ser ubicados en la línea fronteriza al pasar de la materia inanimada, al nacimiento de la primera molécula viva (ya con capacidad autorreplicable de manera factible dentro del entorno primitivo).

6. **La aparición de los lóbulos protocelulares.**

Formados los compuestos orgánicos del caldo primordial, se estima que estos acabaron por agregarse formando diminutos lóbulos protocelulares (bultos de moléculas agrupadas) que fueron los posibles ancestros que dieron origen a las células con pared celular evolucionadas posteriormente.

7. **Aparición de la membrana celular y el nacimiento de la célula primitiva.**

Se piensa que el momento clave para el nacimiento de la primera célula, fue cuando se dio la aparición de una membrana biológica, lo cual permitió cubrir los lóbulos protocelulares creados y agrupados cercanamente.

Se estima que esta membrana se formó, cuando los mismos productos derivados de los ácidos nucleicos (moléculas de ARN autorreplicable y demás moléculas de proteínas formadas), podrían haber quedado alrededor de los mismos ácido nucleicos, formando gradualmente una membrana lipoproteica.

Esta membrana lipoproteica[19] tuvo que ensamblarse para poder rodear los lóbulos protocelulares formados, permitiendo separar por primera vez a las moléculas de lo que era el medio externo hostil y facilitando esto a la vez, el metabolismo incipiente vinculado a la autorreplicación del ARN y la formación de las proteínas a través del mismo ARN.

Con la creación de esta membrana, nace la primera célula primitiva. Aunque la evidencia fósil de este estado celular primitivo tal vez sea difícil de encontrar algún día debido a la composición demasiado frágil de esta etapa para conservarse. Sin embargo, evidencias actuales indican que algunos lípidos disueltos en agua tienen tendencia a formar membranas espontáneamente, dando este hallazgo posibilidad a esta teoría.

---

19 Los Lípidos: son biomoléculas orgánicas formadas básicamente por carbono e hidrógeno y generalmente también oxígeno; pero en porcentajes mucho más bajos. Pueden contener también fósforo, nitrógeno y azufre.

8. **La aparición de los orgánulos celulares.**

Creada la envoltura de la célula primitiva, las grandes moléculas internas se iniciaron a asociar formando los orgánulos celulares.

Otra hipótesis (la endosimbiosis), postula que la aparición de los orgánulos pudo haberse efectuado por la relación de simbiosis entre células primitivas, donde la más grande habría rodeado y englobado a otras, las cuales habrían pasado a formar parte de la primera y dando cada una de estas células atrapada daría luego origen a un orgánulo (mitocondrias, cloroplastos, retículo endoplasmático, etc.)

Esta última hipótesis se basa en el parecido que guardan las mitocondrias con las bacterias aeróbicas, los cloroplastos con las cianobacterias, los cilios y flagelos con las bacterias espiroquetas, etc.

9. **La aparición de las células procariotas unicelulares.**

Esto hace unos 3,500 millones de años, surgidas de los fondos marinos, siendo cedulas sin núcleos ya que su ADN se encuentra aún disperso en el citoplasma. Pero dotadas de vida al ser capaces ya de realizar una forma sencilla de metabolismo, con los procesos vitales de nutrición y reproducción.

Luego, a los 2,000 millones de años el oxígeno comenzó a acumularse en la atmósfera y los rayos ultravioletas del Sol transformaron parte del oxígeno atmosférico en ozono, que hizo de pantalla de estos rayos, lo que permitió posteriormente la vida fuera del agua.

10. **La aparición de las células procariotas unicelulares.**

A los 1,800 millones de años surgen organismos eucariotas (organismos ya con núcleo celular que evolucionaron de las células procariotas que eran sin núcleos)

Los siguientes esquemas resumen claramente todo lo visto en el capítulo 1 del presente libro:

Primera etapa: Nace el universo.

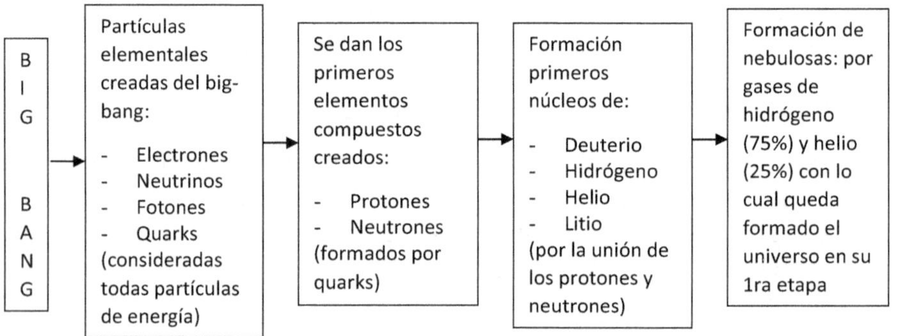

Segunda etapa: Se forma su estructura.

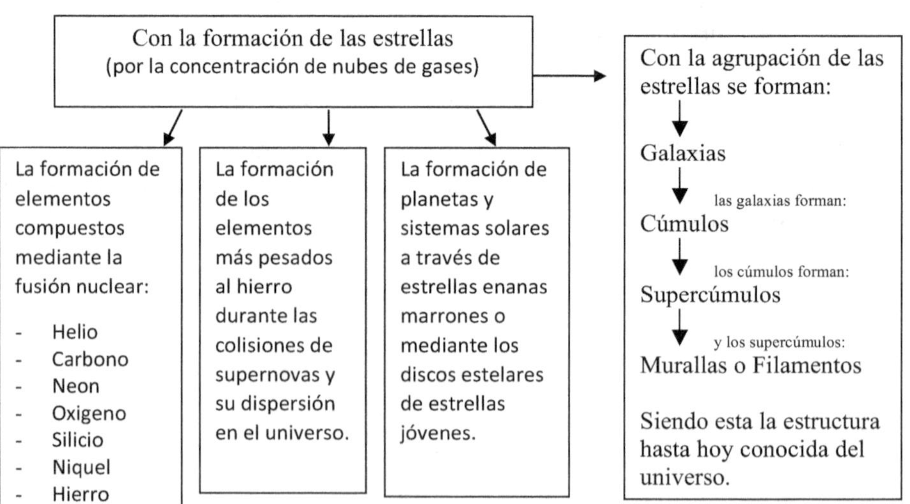

Tercera etapa: Surge la vida.

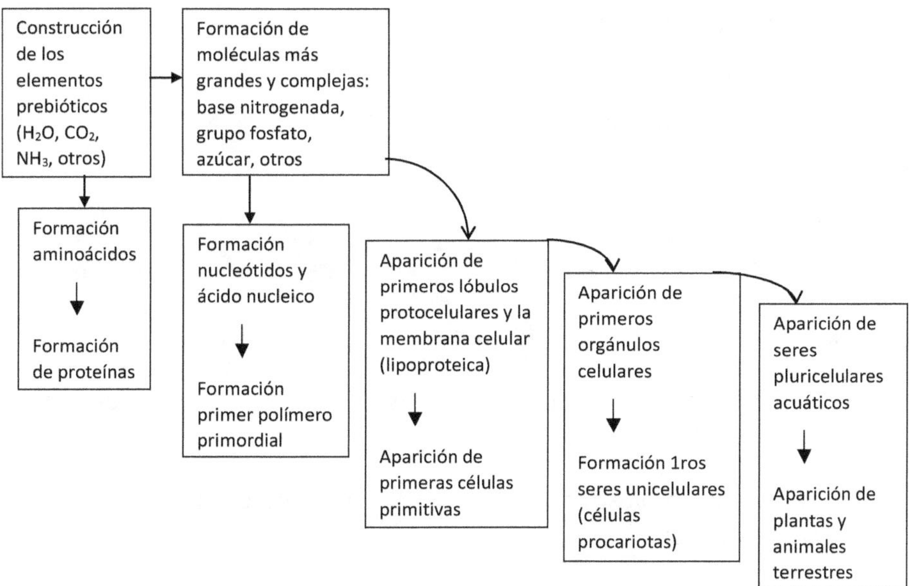

Cuarta etapa: Nace el hombre.

El proceso siguiente fue:

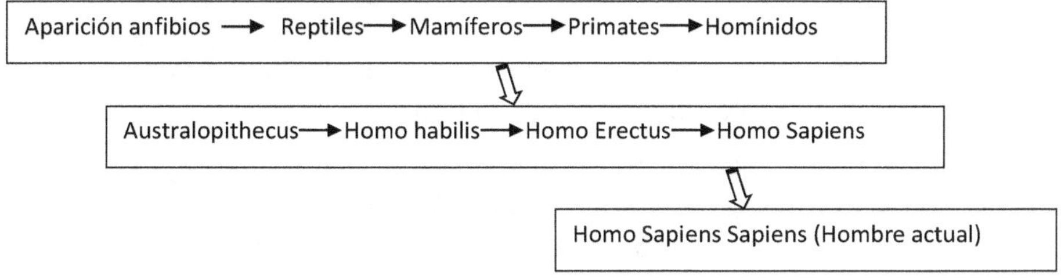

ANEXO 5
Otras reflexiones filosóficas (recopilaciones varias)

1. De índole filosófico

2. De índole social

3. De índole religioso

4. Otros puntos varios

1. De índole filosófico

1. **Rol que debe tener la filosofía**

- La historia de la filosofía es el desarrollo especulativo del espíritu humano.

- La evolución filosófica (evolución de la inquietud del espíritu) tiene tres estados:

    o El estado teológico o ficticio

    o El estado metafísico o abstracto

    o Y el ultimo y al que debemos ir: El estado de madurez-científica-religiosa

- En cada tiempo histórico hay varias filosofías, pero generalmente hay una que totaliza el saber de la época.

- Un gran error de los filósofos es que se han limitado básicamente solo a interpretar el mundo, cuando lo que realmente se necesita es también transformarlo en base a esa interpretación.

- Por ende, la filosofía debe estudiar tanto el mundo que nos rodea (la naturaleza de las cosas), así como la historia misma para transformar el presente viendo al futuro.

Por eso, la filosofía actual debe ser integral, al igual que la sociología debe estudiar la historia, el espíritu humano y el orden social de manera integral, estableciendo las leyes que rigen el orden y el progreso de la sociedad, con el fin de promover una organización más progresiva y libre para el buen desarrollo del espíritu humano.

- El hombre, la sociedad, la naturaleza, la religión, la ciencia, la historia, la economía, la política, todos están interrelacionados y conforman un sistema. Al filósofo corresponden el estudio de este sistema: sus lecciones históricas, su situación actual, su tendencia, la definición de su rumbo, las acciones a tomar, su conducción, etc.

- La filosofía es, por ende, una actividad que aplica a todos los campos del conocimiento: formales, empíricos y metafísicos.

- Este conocimiento debe ser teórico y práctico:

    o Teórico, porque debe descubrir el orden y la estructura de todo lo real

    o Practico, porque debe establecer las normas del orden moral y político con las cuales debemos conducirnos.

    Por ende, la filosofía debe dejar de ser tendencia al saber, para ser ciencia y un efectivo saber práctico, no solo crítica, sino un verdadero sistema racional que estudia y conduce la totalidad de lo real, así como al hombre en su mundo material como espiritual.

    Por ende, debe buscar al mundo su integridad y al hombre su integridad con su mundo

- No obstante, para alcanzar este fin, el pensamiento filosófico debe superar sus propios errores, ya indicados en el libro 1 y 3.

- Si esto no se supera, será mejor abandonar la ilusión de construir un sistema filosófico y metafísico con pretensiones científicas y conductoras del pensamiento, y continuar eternamente sumergido en el misticismo mitológico sin fin.

- Por lo indicado, debemos pasar de la filosofía tradicional (la que siempre está enfocada solo a la búsqueda de la esencia externa de las cosas, por lo cual nunca se tiene un consenso y culmina solo en discusiones) y pasar a la filosofía que también retoma el espíritu humano, ya que a partir de su estudio interior podemos también hallar la esencia universal de las cosas.

2. **Elementos para un verdadero pensamiento filosófico:**

- Hay que reconocer que ninguna verdad es absoluta y que la defensa de una verdad está siempre sujeta a los avances técnicos y a la óptica y contexto en que se ven las cosas, por ende, se debe ser tolerante y respetuoso a las diversas verdades de los hombres, mientras la ciencia va fundamentando la validez de cada verdad.

- Nunca debemos negar la posibilidad de algo, por mínima o absurda que parezca, siempre debemos dar una probabilidad a cada cosa, con el fin de no cometer el error de aferrarnos a nuestra posición fanáticamente como una verdad absoluta, y más aún cuando ni siquiera nuestra supuesta verdad tiene aún el respaldo de un fundamento científico.
O mientras la posibilidad de algo tampoco sea negada científicamente.

- Por tanto, debemos aceptar el reto de trabajar en demostrar la verdad y lo real de manera científica, educativa, proconstructiva y con una vocación aportadora a la sociedad y al conocimiento humano (fuera de todo impulso confrontativo y excluyente)

- Debemos aceptar también que todo está siempre en movimiento, en dinamismo, en cambio, transformación y evolución, por ende, debemos ser abiertos en admitir que lo que ayer era verdad hoy puede ser falso, y lo que hoy es falso, mañana puede ser verdad.

- Por ende, no debemos sentir temor de la verdad que encontremos, aunque sintamos que desvanezca nuestros fundamentos dogmáticos, más bien debemos asumir con madurez que toda verdad o falsedad encontrada nos conduce siempre a una verdad mayor

- Tampoco debemos negar u ocultar la verdad, comercializar con ella, o usar la mentira o verdad para fines de nuestro interés (bélico o mercantil).

- Tampoco debemos aferrarnos a nuestra mentira por temor a romper o perder el patrón cultural o el sistema hegemónico que tenemos bajo nuestro provechoso personal.

- Por ende, debemos tener un pensamiento amplio y científico en el conocimiento de la naturaleza y de Dios en todos los aspectos, sabiendo que el conocimiento le pertenece al universo y a la humanidad (no es privada) y que nos ha sido brindada por Dios para que conozcamos cada día más su grandeza creadora y su majestuosidad ordenadora.

3. **Evolución de la filosofía (un poco de como se ha pensado hasta el día de hoy)**

- La filosofía surge en Grecia como una crítica de la sabiduría mitológica y popular, por un pensamiento más racional (logos) en todos los frentes: moral, sociológico, teológico, astronómico, cosmológico.

- La cultura griega carecía de libros sagrados, una organización religiosa que velara por una ortodoxia y de un sistema educativo formal, esto permitió un pensamiento libre, amplio y sin perjuicios. En cambio, donde existía la religión, la crítica era escasa o nula.

- La conducta de los dioses (inmoral, adultera, etc.) era el reflejo de la moral aristocrática prevaleciente de la época.

- Las dos corrientes principales eran el mecanicismo, que indicaba que todo es el resultado de una necesidad ciega, al azar sin ninguna inteligencia conductora. Y la otra corriente, el platonismo, que indicaba que el orden no puede ser el resultado del desorden, sino de una inteligencia creadora.

- Así, la filosofía cristiana defiende el argumento de la creación, el orden, la conducción a través de un ser superior (en contraposición al azar y al caos), la salvación a través del cambio interno, la resurrección hacia un mundo superior y con esto la culminación de la historia del ser y el inicio de su eternidad (en contraposición a la mortalidad del ser y a la continuidad de la historia).

- Para la filosofía griega el pecado es producto de la ignorancia, para la cristiana no es asunto de ignorancia, sino producto de la maldad humana y su libertad.

- Por tanto, la filosofía cristiana se basaba en la fe y la filosofía griega en la razón. No obstante, a partir del siglo XIII el problema se centró entre la razón y la fe, afirmándose la autonomía de la razón.

- El renacimiento es un periodo de transición entre la filosofía medieval y la moderna. En este periodo influyo fuertemente: i) el humanismo; ii) la reforma protestante; iii) el avance de la ciencia; iv) la creación de los estados nacionales.

- El desarrollo de la cartografía, las técnicas de navegación y la brújula favorecieron la expansión territorial y un mayor desarrollo comercial. Esto exigió nuevas normas de justicia y derecho como base para un mejor intercambio, iniciando a quedar desfasados la moral aristocrática y los valores guerreros prevalecientes.

- La utilización de la pólvora fortaleció el poder real frente a la nobleza creándose los estados naciones. Con todo esto se produce un notable crecimiento de la burguesía y del capitalismo comercial. Las monarquías (principados-estados) y la burguesía se aliaron en contra de la nobleza (grandes imperios aristocráticos y bajo linajes de hidalguías).

- Así, la democracia griega trajo consigo un notable cambio en la naturaleza del liderazgo: ya no bastaba el linaje, ahora debía tener aceptación popular, por lo cual la oratoria entraba ahora a ser importante para manejar a las masas (la demagogia y el clientelismo político nació).

- Igualmente, el descubrimiento de la imprenta facilito la expansión cultural y de la Biblia, lo que condujo a la reforma religiosa, la cual prospero en aquellos países donde fue apoyado por el poder político (para separarse de la dominación e influencia de la iglesia papal) y fracaso en los restantes.

- Todos estos factores religiosos, políticos, técnicos bélicos y económicos impulsaron el desarrollo de la ciencia, y con esta el desarrollo de nuevas concepciones religiosas y filosóficas (siendo esto un ejemplo del proceso evolutivo de la conciencia del hombre)

- La ilustración tiene lugar en la época de las revoluciones liberales-burguesas (desde la revolución inglesa a la francesa de 1789). Expresa la ideología critica de las clases medias y la concepción liberal y tolerante en todos los órdenes. Sus objetivos fueron: i) la difusión del conocimiento, ii) crear una opinión crítica y antidogmática sobre las creencias tradicionales.

El carácter critico contra la razón centro en: i) no contra la ignorancia (ya que esta se supera) sino contra los prejuicios (la razón puede reconocer a la religión, pero no la superstición y la idolatría; ii) no contra la legalidad, sino contra la autoridad arbitraria extrema (no aceptada por la razón)

- No obstante, la reforma religiosa vino más bien a afirma la impotencia de la razón, la radical debilidad humana como secuela del pecado y la absoluta necesidad de la gracia divina, bajo la opinión que no debe consultarse a la razón nada en materia religiosa, lo cual dio riendas sueltas a sus inclinaciones supersticiosas.

- En este sentido, la reforma termino convertida en la expresión exagerada del agustinismo. Por el contrario, la religión humanista del renacimiento cree en la total autosuficiencia de la razón y que el hombre puede salvarse por sí mismo.

- Nace la necesidad de la ciencia del hombre, la cual se propone el estudio de: la estructura del orden social, el origen y la naturaleza de la sociedad, la teoría de la organización política, etc.

- El proyecto filosófico hegeliano es el establecimiento de una teoría de visión unitaria, total y cerrada sobre la realidad en su totalidad, con la conexión y unidad interna de todos los elementos que conforman el sistema natural y social del hombre (naciendo así la teoría de la dialéctica).

- La dialéctica expresa por un lado la interconexión y contradicción del mundo y por otro la necesidad de superar los límites presentes. Cada cosa es lo que es y solo llega a serlo, en interna relación, unión y dependencia con otras cosas y en último término con la totalidad de lo real, en un constante proceso de transformación y cambio cuyo motor es su interna contradicción, negación y lucha de contrarios.

Sin embargo, ningún proceso queda explicado si no se conoce el agente que inicia el proceso, el sustrato que afecta, la afectación que genera y sus causas y el efecto final a llegar. Así que estudiar la naturaleza de las cosas (el hombre y su sociedad), es estudiar lo que las cosas son, para a partir de ello, conocer sus movimientos y procesos. Ya que la naturaleza no es solo naturaleza, ni solo sociedad, es totalidad natural-social.

Por tanto, el hombre es hoy lo que es, porque ayer fue otra cosa, entonces para entender lo que hoy es, basta conocer lo que ayer fue, pero la razón histórica no podrá determinar la realidad si es siempre guiada por esquemas preestablecidos.

- Luego surge la filosofía contemporánea, que constituye en gran medida una reacción contra el sistema hegeliano, retomándose solamente el método dialéctico. Se da una actitud reacia a la especulación filosófica y contra toda la tradición intelectual-religiosa que se ha opuesto a los valores.

- Pasado el optimismo de la industrialización (ya que de la industria se esperaba la realización de las potencialidades e ideales del hombre), se disolvió el factor integrador como era la iglesia (ya que la sociedad industrial se funda no sobre la teología sino sobre la ciencia), se modificó el régimen político por una nueva clase gobernante y creció el antagonismo social a causa del modo de producción industrial (ya que la ambición del hombre siempre se impuso). La industria afectó a la naturaleza convirtiéndola en material de riqueza sin equilibrio y transformando más al hombre hacia un ser más egoísta e individualista.

- El marxismo: surge encaminado a la transformación de la realidad y estructura económica-política-social. Criticando la alienación en que vive el hombre. Promueve la intervención práctica del hombre en su historia.

- Actualmente estamos pasando por una época critica, donde el sistema de ideas validas está perdiendo vigencia, tendiendo a la destrucción del orden dado y a la construcción de un nuevo orden sobre la base de un nuevo sistema de ideas (estamos en la puerta de una evolución filosófica para una evolución social)

- No obstante, las formas ideológicas prevalecientes de la conciencia tienen como función ocultar, desfigurar la situación de la existencia real para inducir su alienación: desposesión de sí mismo.

Pero de toda esta alienación, es la alienación económica la que conlleva al hombre hacia sus demás alienaciones: social (división social en clases), política (división entre sociedad civil y estado), religiosa y filosófica. Ya que el fundamento económico determina el proceso histórico.

- En este sentido, se puede considerar el marxismo en un humanismo por cuanto lucha contra la alienación del hombre y por cuanto establece la autonomía del hombre mismo (sobre un ser superior). Sin embargo, para Marx, el humanismo es un concepto ideológico y el socialismo un concepto científico.

- De esta manera, podemos resumir los dos grandes problemas del sistema actual en dos aspectos: i) estamos haciendo una mala transformación de la naturaleza (totalmente insostenible) y ii) una mala distribución de la riqueza (altamente desequilibrada).

- Luego viene Nietzsche: el cual considera que la moral es contra naturaleza, ya que establece leyes contra los instintos vitales del hombre, fomentando la inhibición a la exuberancia. La moral religiosa pone el centro del hombre no este mundo, sino en el otro, afectando el devenir por medio del castigo y la culpa. La responsabilidad es posible solo si el hombre es libre para actuar, y no es atado.

Así que, para Nietzsche, la nueva moral debe estar al servicio del súper hombre para recuperar sus instintos vitales, su esencia existencial: su voluntad de poder.

Para Nietzsche el hombre superior no cree en la igualdad (lo cual solo es una artimaña de los débiles), dice sí a las jerarquías y a la inalienable diferencia que debe haber entre los hombres. La igualdad es solo una moral de rebaño y esclavos. Y que hay que desconfiar de la plebe, ya que lo que aprendió a creer sin razones es difícil cambiárselo con razones.

Para Nietzsche, el hombre superior ama al hombre no por lo que es, sino porque es lo que hay que superar, sabe que lo único que tiene de carácter de obligatoriedad es la vida misma, afirmando así el devenir a sus propias manos sin usar subterfugios para esconder su angustia de no ser lo suficientemente fuerte para dominar el mundo.

- Luego surge el personalismo cristiano: indicando que el principio único explicativo de la realidad es personal (unitaria y dinámica), ya que cada uno es un espíritu único y un universo en sí (esto, en cuanto a la independencia de criterio está bien, pero no hay que olvidar que existe un espíritu colectivo (por necesidad) que conlleva a una convergencia social).

- El personalismo cristiano se opone al materialismo porque este último supedita al ser humano a la materia, sin lugar a ningún principio personal y a la vez, al intelectualismo, porque éste establece al pensamiento como principio único fuera de la persona (y no como ella misma). Por ende, el personalismo cristiano establece la supremacía del sujeto (especialmente el individual) sobre la materia.

El personalismo considera que el camino para comprender la realidad humana es el de la consideración de las relaciones personales. Estas relaciones son creadoras en un sentido profundo. Conduce a una convergencia de voluntades sin afectar su diversidad, poniendo la supremacía de las personas sobre las necesidades materiales.

El personalismo busca agrupar aspiraciones convergentes más allá del comunismo y del capitalismo para la construcción de una sociedad que gire sobre los valores de las personas.

- La teoría critica actual, esta interrelacionada con la instancia material-económica-espiritual-histórica de la sociedad, al servicio de la transformación practica y con la libertad de auto criticarse para evitar el devenir ideológico.

Determina que hoy el hombre esta hasta inconsciente de su estado de alienación y falta de libertad. Pero que falta de un empuje mayor para la transformación de su realidad actual.

4. **Sobre la naturaleza humana**

- El ser humano tiene dos impulsos naturales generales:

  • la satisfacción de sus impulsos producidos por sus sentidos e instintos innatos

  • la búsqueda del conocimiento real y el desarrollo de su conciencia y espíritu en base a su razón y experiencia (y a través de la conciencia el control de nuestros impulsos).

- Dos maneras que desarrollamos conciencia:

  • Cuando buscamos respuestas a nuestras necesidades básicas. Nuestras necesidades son instintos naturales del espíritu (de libertad, espacio, desarrollo, igualdad de oportunidades, etc.). Desarrollamos conciencia cuando esas necesidades son cuartadas.

  • Cuando buscamos respuestas a nuestras inquietudes existenciales. Con la búsqueda del conocimiento (la verdad) que nos lleva al desarrollo de nuestra conciencia y a través de esta al dominio de nuestros impulsos.

Por ende, el fin de todo proceso natural es la transformación cualitativa de todo ser (su desarrollo y evolución).

- Sin embargo, el hombre tras la búsqueda de satisfacer sus necesidades se enfrenta siempre a una dualidad de grandes contradicciones, entre estas:

  - El interés individual versus el social
  - Lo económico versus lo ambiental
  - Lo contemplativo versus lo empírico
  - Lo comercial versus lo ético
  - El control versus la libertad
  - Lo místico versus la razón; etc.

- El hombre siempre aspira a su libertad individual (instinto natural) pero requiere siempre de la colectividad para enfrentar sus necesidades. Así que, en todos los casos, la realización de la esencia humana exige sociedad, el problema es que en esa sociedad se impone siembre la ambición individual de unos sobre los demás, lo que distorsiona la relación hombre-naturaleza y hombre-hombre, y lo que hace que el establecimiento de una sociedad guiada por los valores universales sea imprescindible.

- Instintos primarios identificados por Freud:

  - El de agresividad
  - El sexual (como el que más domina en el mundo)
  - De conservación (este no genera trastornos neuróticos ya que no puede ser ignorado ni desatendido)

El de conservación al que llamo alimentación y marcación de territorio; el sexual el de reproducción; el de agresividad el de defensa (de lo obtenido).

- Bajo estos aspectos, la naturaleza del ser humano centra en tres aspectos:

- la búsqueda de placer y dominio

- la necesidad afectiva (socializar, amor, protección, apoyo, etc.)

- la búsqueda de la conciencia a través del conocimiento

- La conciencia surge a partir de los impulsos y los efectos generados en su realidad exterior. El yo se encuentra constantemente apresado por los impulsos. La tarea del yo es de moderar el principio de placer que reina sin restricción, por el principio de conciencia madura.

- Pero son la búsqueda de la razón y del afecto, los que juegan un papel importante en la conducción del hombre de su naturaleza negativa hacia su naturaleza positiva mediante el desarrollo de su conciencia.

- Entonces: ¿Ir en contra de la esencia negativa es ir en contra de la naturaleza? ¿Es antinatural caminar hacia la búsqueda de una moral universal en el hombre?

Consideramos que no, porque se iría contra el proceso de transformación y evolución (la dialéctica).

Recordemos que la otra naturaleza que también existe en el hombre es la búsqueda de la razón y la necesidad y búsqueda de afecto y amor.

- ¿El hombre tiende por naturaleza a la vida en comunidad o no? si, por su mismo instinto de sobre vivencia y necesidad de apoyo conjunto, de mando, etc.

- El hombre ha sido hecho de tal modo que no puede ser él mismo el bien que lo haga feliz, solo puede hacer feliz al hombre algo que sea más allá de él.

El hombre primero busca la felicidad en lo externo, pero luego cuando madura sabe que su felicidad está en su interior, pero basado en su identidad con algo externo (reflejo de sí mismo) que lo ha convertido en un valor interior (ej. Dios).

- Los animales no son iguales al hombre. Los animales luchan y matan por comida y apareamiento, lucha por territorio para proteger estos dos aspectos. Pero los animales no luchan por acumular (ambicionar) más fuera de lo necesario. El hombre en cambio sí, el sí mata por ambición. ¿Por qué? Porque es el valor de intercambio que le da a las cosas y por su capacidad de razonar solo hacia sus necesidades individuales lo que lo hacen despertar su ambición, ya que esto le permite otros beneficios colaterales: PODER y el poder control y poder y control atracción y dominio. Esa capacidad de identificar las oportunidades de su realidad, pero a la vez, valorar las consecuencias de sus actos y las necesidades de su cambio, es lo que lo diferencia de los animales.

- Por eso, el nuevo pensamiento demanda una humanidad y naturaleza humanizada, ya que todo está bien al salir de las manos de Dios, pero todo se degrada en las manos del hombre. Ya que el hombre entre más ambiciona, más se priva del factor racional y afectivo. Por eso, mientras una especie animal es la misma en mil años, el hombre se vuelve más bruto consigo mismo por cada década que pasa.

- Según su libre albedrío, el hombre es el que define su propia conciencia y en base a esta su destino. Ya que el mal está en la manera en que se ve el objeto y no en el objeto en sí.

- El hombre necesita siempre de una creencia como brújula para su vida, de tal manera que si se le niega esa brújula (religiosa, mística, etc.) se siente desorientado en el andar de su existencia. (ej. Si a la iglesia se le quitase la inmortalidad del alma, entonces la salvación cristiana habrá perdido sentido)

- Aunque Dios exista o no, el hombre necesita siempre encontrarse a sí mismo

- La única verdad es que, ante la verdad o la mentira, YO debo ser siempre YO. La validez de una verdad no tiene por qué cambiar mi YO interno (mis valores).

- Así que actualmente, debemos distinguir el estado natural y estado artificial del hombre (y así desarrollar lo natural y desprender lo artificial de su naturaleza corrupta actual)

- Ya que el hombre artificial está movido por su arrogante amor propio e insaciable egoísmo

- La realización personal conlleva a un compromiso social. Por tanto, para llegar a ser, debemos ayudar a otros a llegar a ser. De ahí, que la tolerancia es el patrimonio de la razón y del amor.

- Freud acusa al marxismo de desconocer la naturaleza humana. Y esto en la práctica fue cierto, ya que al coartar la libertad individual del ser humano y encasillar sus aspiraciones fue la causa del fracaso del socialismo (ya que el socialismo en vez de transformar la conciencia, la continúo esclavizando a un dogmatismo ideológico).

5. **Sobre la evolución humana**

- Igual que actúa nuestra esencia positiva y negativa (partiendo como un instinto natural) y que en el proceso de evolución se va dejando lo que no sirve y se desarrolla lo que sirve, así el ser humano puede dejar sus impulsos negativos como un salto evolutivo.

Los animales tenemos cuatro instintos básicos: instinto de alimentación, reproducción, de marcar territorio y de defensa (las plantas también lo tienen). ¿Por qué?

- ¿De dónde surgen estos instintos? Estos se fueron adquiriendo en la medida que el cuerpo iba evolucionando, desarrollando nuevas funciones que generaban nuevas necesidades y que debían ser suplidas.

- Los procesos biológicos parecen presididos por una finalidad interna que orienta y dirige los impulsos del hombre: la necesidad de satisfacer sus instintos naturales de alimentación, reproducción, defensa, etc. desarrollados durante su proceso de evolución.

Todo tipo de vida (una semilla, un árbol, una mariposa, etc.) tienen las mismas necesidades.

- Lo interesante aquí, es que la materia fue desarrollando autonomía funcional (vida), luego instintos, luego inteligencia y ahora vamos en camino de desarrollar conciencia y con la conciencia madurez.

- Considerando la conciencia como la comprensión real del mundo que nos rodea, así como de lo bueno y lo malo que hacemos con el uso de nuestra autonomía e inteligencia, para finalmente comprender que es lo que realmente somos y hacia donde debemos ir.

- Al inicio existía el vacío, luego la idea del bien que genera la energía (el big bang), la energía genera la materia, la materia adquiere vida (mediante ciertas combinaciones), la vida evoluciona y adquiere instintos para su sobrevivencia, luego raciocinio, luego conciencia y finalmente madurez (su evolución espiritual), nivel donde ya el verbo (el principio, la idea) se vuelve ya realmente hombre (energía consciente capaz de generar nuevamente a través de la idea del bien ya desarrollada dentro de sí, un nuevo ciclo de vida).

La Biblia lo ya lo dice:

- o En el principio era el verbo (expresión máxima del bien – el principio creador).

- o Luego de polvo fuimos creados (la materia) y nos dio el soplo de vida (alma).

- o Finalmente: el verbo se hizo hombre.

Por consiguiente, ¿podemos decir que surgimos como materia sin esencia y sin conciencia y nos hemos convertido gradualmente en una materia con esencia y conciencia?

Nuestra esencia viene del principio creador, la conciencia de nuestra vivencia.

- Según la teoría de las cuerdas, a mayores vibraciones la materia dejaría de ser materia para formar parte de otro tipo más "sutil" de existencia, la energía. A medida que las vibraciones de las cuerdas aumentan, nos movemos en dimensiones menos densas, cuya vibración envuelve a las inferiores (similar es nuestro proceso evolutivo).

6. Sobre la ciencia

- La ciencia debe conducir al conocimiento de leyes y estar al servicio de la sociedad en el concepto de: "Saber para prever, prever para proveer" y donde sus teorías estén a la menor complejidad de su contenido para una mayor aplicabilidad.

"Debemos saber reducir lo complejo a lo simple, para que a partir de lo simple comprender el fin de lo complejo".

- También debemos saber que no hay verdad científica definitiva, sino provisionalmente aceptadas mientras no han sido falseadas. Y mientras algo no pueda ser falseado, contiene sus posibilidades de certeza. Lo mismo sucede con la metafísica, donde si bien hoy gran parte no tiene una comprobación científica, tampoco podemos descartarla porque simplemente no ha podido tampoco ser falseada.

- Ahora, sabemos que hay progreso en el conocimiento porque nos alejamos cada día más del punto de partida, pero no termina porque no hay un punto final de llegada, ya que el conocimiento al igual que el movimiento, es eternamente continuo.

- En otro aspecto, podemos decir que la ciencia solo sabe de números y nada de amor, pasión, placer, angustia, etc. y por ende no puede hacer juicios valorativos sobre la vida, solo con información técnica sobre los fenómenos. Los aspectos valorativos y emotivos los imprime el hombre, por lo que la perspectiva de algo cambia según este factor interno.

Así que la ciencia que trata de abarcar todo el universo no tiene nada que decir sobre lo interior del ser humano. Debe interesarse también en este campo.

Por consiguiente, el uso del conocimiento de la ciencia pasa por los valores del hombre para determinar su fin (adecuado o inadecuado).

- Como el uso de la ciencia está sujeto a los valores del hombre, ha sido mayormente usada solo para fines materiales y técnicos del hombre bajo un uso irracional que ha desmejorado el mundo en que vive, por el contrario, la ciencia debe ser un medio para el desarrollo integral y equitativo del ser humano para el alcance de su elevación espiritual (satisfacción consigo mismo y su entorno), así como una vía para hallar el conocimiento real y la contemplación perfecta del universo y la creación.

- Cabe señalar, que la razón es el don que Dios nos dio para revelarnos su grandeza y comunicarnos su verdad, por eso, Dios nos dio la razón y con ella la ciencia, para que por medio de ellas le conozcamos.

Así que lo malo no es la ciencia (ya que proviene de un don otorgado por Dios), sino, el uso inadecuado, manipulador y repulsivo que le damos por nuestra inmadurez humana y espiritual.

- Por consiguiente, contrario a confrontar a la razón y la fe, debemos comprender que la razón en sí, debe ser el vehículo que me lleve a la confirmación de la fe.

  Así que debemos tener una mente amplia y abierta al conocimiento: sin temor, pero con responsabilidad. De ahí que el raciocinio requerido debe ser:

  o   Simple y natural

  o   Libre (de dogmas) y practico

  o   Lógico y Dialéctico

  o   Sensato y constructivo, etc.

- **Otras preguntas a la ciencia:**

- Las necesidades de los animales son iguales a las nuestras (sienten, necesitan, hacen, etc.) pero lo hacen de otra manera (sin cuerdas vocales, ni habilidades en las extremidades como el hombre etc.) sin embargo, muchos han desarrollado otras facultades que el hombre deseara tener. ¿será que en el fondo somos iguales en conciencia? ¿Buscamos vida inteligente en otro planeta y tal vez la tenemos aquí?

- ¿Se pudieron haber desarrollado otras formas de vida en otras circunstancias fuera de las condiciones en que nosotros nos desarrollamos y que encasilladamente concebimos?

Aquí en la tierra hay criaturas que sobreviven a condiciones muy extremas diversas. ¿Por qué no pudo haberse desarrollado vida en otras condiciones fuera de las concebidas? Nosotros nos desarrollamos bajo ciertas condiciones, ¿acaso esto significa que esas condiciones son universales para la creación de vida? ¿Quién confirma eso?

- ¿Existirá realmente una relación entre influencia planetaria y personalidad en un grupo de personas con igual fecha de nacimiento? La validación o falseamiento del horóscopo es únicamente considerado místico, ¿pero se ha falseado científicamente? ¿Quién se ha atrevido a hacerlo sin miedo a la crítica esquemática?

7. **Sobre las leyes naturales**

La búsqueda de la esencia (lo permanente, constante, etc.) nos conduce a ir reduciendo que todo el universo natural y social se reduce en último término a uno o unos pocos elementos y leyes. Así, todo en la naturaleza actúa siempre bajo determinados principios básicos generales y que se aplican a todo lo creado.

En base a estas leyes podemos observar que el devenir no es irracional o caótico, ya que está sujeto y se realiza de acuerdo con ciertas leyes (¿será esta la realidad única, la inteligencia ordenadora?)

La naturaleza no es por tanto como veremos, un conjunto de fenómenos, sino un sistema.

Sin embargo, la profundidad de nuestro razonamiento muchas veces nos ciega a ver que todas las respuestas que buscamos están a nuestro alrededor de manera simple y que basta una simple observación y un práctico razonamiento para hallarlas. Pero perdemos esa óptica cuando nos profundizamos al estudio muy particular de los detalles.

Por ende, si bien debemos conocer lo particular, no debemos perder de vista lo general a que nos va guiando lo particular, o sea, tener la capacidad de ir descubriendo cada letra, pero sin perder la capacidad de poder ir comprendiendo y descifrando la frase en su conjunto. (de arriba hacia abajo o de afuera hacia dentro).

Sin embargo, si el universo o la naturaleza no es totalmente perfecto a nuestro entorno, es porque el hombre introduce siempre un factor de desorden (sus impulsos negativos), lo cual altera y corrompe la naturaleza de las cosas.

8. **Sobre la libertad**

¿existe la libertad?

Si bien estamos sujetos a leyes naturales donde todo tiene que ser como debe ser y no puede ser de otra manera, ¿entonces somos libres?

Tenemos la libertad de decidir ajustarnos o no a las leyes o valores, pero no tenemos la libertad de hacer lo que queramos sin pagar las consecuencias. Por tanto, la libertad no es libertinaje, es actuar libre, pero con responsabilidad, dentro de un orden, no un caos.

¿La responsabilidad es atadura o es educación? La responsabilidad es reflejo de valores. Ser responsable con mi hijo es un valor de amor. Ser responsable con el ambiente, el pago de mi trabajador, el cuido del vehículo, el peatón que cruza, etc. es un compromiso, no es atadura, puedo hacer lo contrario, pero ya entro a dañar el derecho ajeno y me sujeto a las consecuencias de mis actos.

Por ende, libertad es actuar dentro de mis derechos y frenar donde comienzan los del otro. Ej. Ser puntual a una reunión a las 8, si llego a las 7:30 puedo tener el derecho a tomar una taza de café antes, si llego a las 8:30 mi derecho termino y estoy sujeto al de los demás (si me permiten hacerlo o no).

Entonces, libertad no es hacer lo que queramos (aunque tengamos el libre albedrío para hacerlo). Debemos aceptar que libertad de acción es un espacio limitado que termina donde comienza la del otro.

"La libertad espiritual es amplia, la libertad de acción es limitada".

Libertad tampoco es indiferencia, ni arbitrariedad, es también balance de actuar en lo moral, ya que el hombre nace libre y él se encadena a sus impulsos negativos, por eso, la libertad se halla sujeta a la dualidad del hombre entre actuar hacia el mal o bajo la gracia innata que lo empuja hacia el bien.

9. **Sobre el mal**

- El mal: ¿es un instinto innato natural o un producto social?

- Valoramos que es un instinto animal adquirido dentro de nuestro proceso evolutivo y transmitido a nuestras normas sociales, la que se encarga luego de su reproducción.

- ¿un aspecto psicológico o fisiológico?

   Primero surgen los impulsos como instintos y funciones fisiológicas naturales, luego establecidas como normas sociales aceptadas, pero cuando ya desarrollamos conciencia o madurez, podemos educar o controlar nuestros impulsos.

   Ya en ese caso, los impulsos ya no controlan nuestros pensamientos y acciones, ahora son nuestras pensamientos y acciones los que controlan nuestros impulsos.

- ¿Son el mal y el bien, esencias hermanas de una misma fuente originaria que no se pueden eliminar una de la otra? Valoramos que los impulsos negativos y nuestros sentimientos de amor surgen de nuestro mismo proceso evolutivo. Pero siempre uno puede dominar o controlar al otro. Ya sea los impulsos a los valores o los valores a los impulsos, esto de acuerdo con el grado de conciencia y madures en que uno se encuentre.

  Si hay ignorancia por bajo nivel cultural, no necesariamente hay maldad, en cambio, si hay maldad por bajo nivel de valores, entonces si hay efectivamente ignorancia, ya que bajos valores engendran maldad e ignorancia que se replica y acrecienta.

  Por ende, la raíz del mal son los valores negativos del ser humano. Ya que los valores sociales solo son un reflejo de estos. Por ende, los valores positivos son los aspectos importantes para desarrollar más que a exigir.

  Entonces ¿El mal no existe, lo que existe es la falta de valores? Así como la física asume que no existe la oscuridad, sino, la falta de luz.

  Todos sabemos que la estabilidad social genera progreso, igualmente cuando alcancemos nuestra estabilidad espiritual lograremos progreso. Por ende, la inestabilidad se controla conociendo los factores que la generan.

  Inestabilidad x impulsos negativos – luego conciencia – luego Estabilidad – luego creación

- Hemos definido que primero es la esencia, luego por la experiencia el hombre crea su conciencia, y en base a su conciencia transforma su ser y su mundo a su nuevo concepto

  Y si no existe mal, ¿no tendríamos consciencia de lo bueno y malo? ¿y si no tenemos consciencia no podríamos transformarnos? ¿es entonces el mal un bien necesario para la purificación de las almas?

- El humanismo del renacimiento defendió la tesis de que el hombre es naturalmente bueno. Pero son unos pocos los vivos que desarrollan el liderazgo para conducir al mundo a la perdición y al quitar a estos, las generaciones siguientes crecerán en sus valores.

Las ideas son manifestaciones del espíritu, ya que a como este hecho por dentro, así siente, piensa y actúa el ser. Y como el espíritu del ser tiene dos manifestaciones intrínsecas y naturales (los contrarios): una positiva y otra negativa. Las ideas y acciones son positivas si provienen del espíritu positivo del ser y viceversa.

Todo lo generado se compone de dos partes: uno es la cosa que se genera (el hombre) y otro, aquello en que se convierte (bueno o malo). Ej. la pólvora es una cosa y en que se convierte según su uso es otra (utensilio para bien o instrumento para mal).

10. **Sobre la esencia del ser**

- Esencia: es lo que uno es, a pesar de los cambios de apariencia o estado. Es lo permanente frente a lo cambiante.

  Hay dos esencias en el hombre:

  - La interna, su esencia teórica: sus valores (positivos o negativos).

  - La externa, su esencia práctica: la realidad de sus acciones, donde transforma su mundo real como reflejo de su esencia interna con el fin de satisfacer sus necesidades.

- La esencia negativa y positiva se forman dentro del proceso evolutivo en forma de instintos animales. Pero prevalece primero la negativa, por ser el resultado de una reacción instintiva, donde el grado de razón y conciencia en inferior a la fuerza de los impulsos. En cambio, la esencia positiva, emerge de la experiencia y el aprendizaje, que va desarrollando la conciencia de los errores, y esto dando espacio a la esencia positiva.

  ¿Existe una esencia universal? SI. De la universal se genera la particular, pero todas tienen elementos de una esencia común (los valores universales). Las Individuales reflejan la universal, lo que genera la identidad entre ellas (todos los miembros de una misma sociedad).

- Las dos esencias que culminan en una sola:

  - La esencia de las leyes universales (ya que rigen todo y son ordenadoras)

- Las de los valores. Las de los valores se asemejan a los de las leyes naturales por eso se conforma al final una solo esencia.

Ya que los valores tienden a los mismos principios de las leyes naturales como son: equilibrio (justicia, igualdad, equidad), sistema (integridad y necesidad: todos somos partes de un todo), proceso (mansedumbre, transformación-evolución), orden (paz, tolerancia), albedrío (libertad), etc.

- La esencia positiva es la manifestación de la conciencia cósmica (Dios) que se armoniza con las leyes naturales y que busca su manifestación. Y la negativa es la que distorsiona las leyes naturales.

- La moral religiosa y la social son semejantes, las leyes naturales y los valores internos (individuales) son semejantes. Los cuatros son semejantes entre sí. Por ende, hay una esencia semejante en todos: el amor (el común denominador que rige en los cuatros).

Cada una de estas leyes y valores no son más que facetas de un solo aspecto: amor (el bien), por eso realmente Platón tenía razón en identificar a este como el principio supremo. (la idea del bien).

- Hay aspectos constantes entre seres que muestran apariencia diversa, por ende...

"La esencia es el fundamento de unidad entre la multiplicidad y a la vez el principio de unidad para generar la pluralidad armoniosa".

Siendo esta esencia la identidad común que debemos buscar los humanos.

- A partir de la unidad más absoluta se despliega la multiplicidad de lo real. El grado máximo de unidad, en que la totalidad de lo real se halla presente sin pluralidad alguna, corresponde al principio primero: el bien.

Existiendo así lo permanente dentro de lo cambiante y, por ende, la identidad y la unidad dentro de la pluralidad.

- La única verdad es que, ante la verdad o la mentira, YO debo ser YO siempre. La validez de una verdad o falsedad no tiene por qué cambiar mi YO interno (mis valores). Por eso Dios dice: YO SOY EL QUE SOY.

Teoría del Principio y el Fin:

Al principio esta la esencia, luego los factores externos producen los efectos cambiantes y divergentes en apariencia (aunque en el fondo se mantiene lo permanente frente a lo cambiante y la unidad frente a la pluralidad). **Luego se busca la estabilidad para volver al principio.** Por eso el principio y el fin vuelven a convergir muchas veces en el mismo punto, pero en una etapa más evolutiva (de mayor conciencia) mediante una espiral evolutiva.

La gran pregunta: ¿El caos conlleva a la formación de la conciencia y está a la esencia? ¿O la esencia ya existe desde el principio? Como repuesta, consideramos que la esencia ya existe, y el caos solo conlleva a formar la conciencia y la conciencia a liberar la esencia positiva.

- ¿Entonces el caos es un mal necesario?

Todo existe desde siempre = igual como dice la Biblia (en el principio, el espíritu de Dios deambulaba sobre la faz de la tierra).

Finalmente, no puede predominar la esencia negativa porque ella misma conlleva a distorsiones tan extremas que generan sus propias confrontaciones internas, las que luego empujan dentro de sí mismo (el despertar de la conciencia) y a la búsqueda de un balance, o sea que al final, el mismo mal crea su antítesis, y tiende a buscar un punto de equilibrio hacia el bien, producto como dije, de las fuerzas de ajustes internas que se generan dentro de sí mismo (al igual de como del seno del capitalismo nació el socialismo).

Diferencia entre esencia, espíritu y alma:

- Esencia: la forma propia interna del ser del hombre

- Espíritu: la manifestación externa de la esencia

- Alma: la manifestación de la esencia y el espíritu de manera conjunta en el cuerpo y más allá.

- ¿Es la virtud un aspecto de conocimiento o de esencia interna?

Para la filosofía cristiana la virtud no es cuestión de saber o ignorancia, existe. Para otros la virtud se identifica con el saber. El hombre debe tener ambos.

"Así como el santo no solo debe ser santo, sino, también sabio para enseñar y conducir. Así también el sabio, por su propia sabiduría, debe comprender que debe ser santo"

11. Sobre la conciencia

- En el primer momento, no es la conciencia del hombre la que determina su ser, sino que es su ser social (su esencia positiva o negativa de conducirse) el que va marcando su experiencia, y en base a esta experiencia va construyendo su conciencia. (la experiencia le va mostrando sus defectos y errores y lo conduce hacia su madures o destrucción)

- Luego, los cambios sociales se dan precisamente porque la conciencia cultivada del hombre se revela ante el sistema cuando su nuevo ser (en su nueva etapa de conciencia) ya no calza con su sistema, así que es verdad que el sistema moldea la conciencia, pero cuando el sistema se desvía al extremo engendra una nueva conciencia, proveniente de la contradicción que encuentra el hombre entre su mundo externo y su ser interno.

- Así que podemos decir que existe una conciencia que cae a estar engañada o aprisionada por el sistema, pero que está latente a cambiar si el sistema se distorsiona demasiado o los avances técnicos le abre o amplía su visión.

- La conciencia se desarrolla cuando no son cubiertas las necesidades a que aspira el hombre. El hombre aspira a libertad, espacio, igualdad, progreso, etc. si uno de estos aspectos es quitados o disminuidos, se activa la conciencia como un simple mecanismo de alerta y defensa.

Por tanto, podemos resumir tres fases en el desarrollo de nuestra conciencia social:

- Conciencia sensible (percepción): identificamos lo que nos está afectando (el objeto/el problema)

- Conciencia del funcionamiento: buscamos entender porque y como sucede eso (sus leyes, sus interacciones, etc.)

- La autoconciencia (lo que nos falta): para ahora incidir a voluntad sobre el objeto para su transformación (el sujeto y su entorno).

- Cabe indicar que el mundo verdadero siempre se construye en oposición al mundo aparente.

- Por una parte, eso es la conciencia, por otra, la conciencia es también el conjunto de interrogantes que el hombre se hace sobre sí mismo ¿Qué hago y que debo hacer para mejorar? ¿porque muero? ¿existe algo más allá? Etc.

- El avance técnico también va creando conciencia, ya que con sus descubrimientos va desboronando los preceptos anteriores (sociales, filosóficos y religiosos) y mostrando nuevas percepciones del mundo, y esto, una nueva visión y conciencia de lo que somos.

- El ser inmediato del espíritu es la conciencia y esta solo concibe lo que se halla en su experiencia (histórica). Por eso, el ser humano se vuelve ser humano, solo en la medida que se conoce a sí mismo.

Así que, en resumen: primero es la esencia, luego por la experiencia y necesidades crea su conciencia, y en base a su conciencia transforma su ser y su mundo a su nuevo concepto y visión.

Debemos ser y existir (para vivir y conducir) y solo hay dos maneras de existir: como cosa o como conciencia.

Los camellos son los que obedecen ciegamente: solo tienen que arrodillarse y recibir la carga.

- Las fases del desarrollo de la conciencia:

  - Conciencia sensible (identificación del objeto: que pasa)

  - De la sensación a la percepción (el concepto primario sobre el objeto: porque pasa)

  - De la percepción al entendimiento (sujetar a principios la apariencia del objeto: porque se repite)

  - Del entendimiento a la autoconciencia (el conocimiento del objeto como objeto y de sus interacciones como sujeto: como lo puedo cambiar). <u>Esta es la que nos falta alcanzar.</u>

Cada cierto tiempo, se producen cambios bruscos del marco teórico y de la concepción del mundo prevaleciente en ese momento (paradigmas).

La revolución es el cambio de un paradigma por otro opuesto. El cambio se da así:

> El paradigma dominante empieza a no poder dar respuesta a ciertos problemas, lo que aumenta la desconfianza en el paradigma, entrándose a un periodo crítico.

> Cabe señalar que, por el grado de inmadurez del hombre actual, la aceptación de un paradigma por otro está más bien sujeto a la solides de las creencias populares, a la educación, a la fuerza o grado de influencia de los actores contendientes del sistema, al trato psicológico del sentir social (manipulación y carisma), etc. más que por los soportes de la misma lógica que se defiendan.

> Por eso el cambio de paradigma debe ser un aspecto combinado tanto de psicología, personalidad, patrón cultural, religioso, etc. (y no solamente lógica)

- La gran estrategia que realizar: El trabajo lógico, cultural y psicológico para derribar la confianza de un paradigma y transformarlo. Hay que definir los paradigmas a vencer

- La razón y la conciencia han perdido autonomía, ahora están sujetos a los intereses mezquinos que el hombre establece en la sociedad a través de la tecnología, la política y la religión.

- Estamos encerrados en una conciencia falsa (creyendo que lo que hemos alcanzado es conciencia) y a la vez en una falsa conciencia de la realidad (creer que lo que vemos y nos dicen es la verdad, cuando la verdad es hoy un producto virtual maquillado y vendido por el sistema)

  - Conciencia falsa: lo que tenemos no es conciencia, es moldura.

  - Falsa conciencia de la realidad: el progreso que vemos es espejismo vendido, el irracionalismo destructivo y canibalismo es la realidad que el sistema nos oculta.

- Todas las sociedades, hasta ahora, han estado intentando adoctrinar a los niños. Antes de que el niño sea capaz de hacer preguntas, se le dan respuestas, se les encasilla. ¿Te das cuenta de que esto es un gran error?

- Cuando más débil se torna nuestra razón actual, más fácil es su manipulación ideológica. Por eso hoy la razón ha pasado de un sometimiento mítico a uno ideológico.

- Es inconcebible que, en la era industrializada, donde la razón ha vencido al mito, reine ahora un irracionalismo ideológico destructivo y canibalismo, donde el hombre es esclavo y está siendo exterminado por el mismo desarrollo científico. ¿Quién me explica esto?

- En otro punto, debemos comprender que dentro de la ambición human, el hombre debe tener conciencia de la necesaria limitación que debe tener todo ser humano para hacer viable la universal igualdad social (limitación necesaria paradójicamente, para preservar la libertad individual humana – ya que actualmente solo unos tienen ese derecho).

- La gran pregunta es: ¿Puede hacer esto el hombre individual para el hombre social? Considero que de un solo no, pero gradual y generacionalmente sí.

- El ser individual determina su ser social, el ser social determina su conciencia, su conciencia determina su ser individual y social evolucionado. Esto porque el hombre no nace aprendido, aprende en su vida de lo que encuentra en su entorno, por ende, no es consciente de sus errores hasta que la experiencia se lo va mostrando y solo hasta entonces va desarrollando conciencia y evolucionando (madurando)

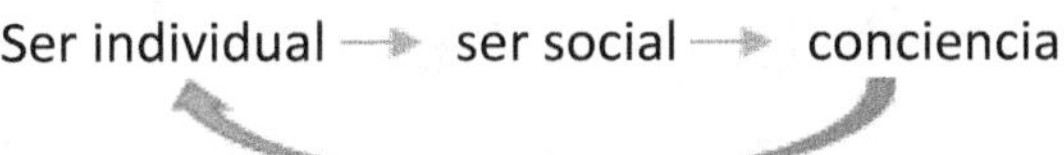

En estado de inmadurez, solo nos formamos una conciencia ficticia del mundo (ya que el mundo la moldea). Por tanto, debemos desarrollar conciencia para dejar de ser objetos del sistema y convertirnos en sujetos y conductores de este.

"El sistema debe ser objeto del sujeto y no el sujeto objeto del sistema"

Hemos definido que primero es la esencia, luego por la experiencia el hombre crea su conciencia, y en base a su conciencia transforma su ser y su mundo a su nuevo concepto.

La experiencia es el factor generador de la conciencia, la pregunta es:

¿Qué pasaría en una sociedad sin problemas vividos? ¿Desarrollaría conciencia entre lo bueno y lo malo si no tiene esa vivencia? ¿Al ser una sociedad estable surgiría nuevamente con el tiempo la curiosidad humana y los impulsos por ella y con esta, la inestabilidad nuevamente del sistema?

12. Sobre la creación ¿De dónde surge?

Para unos es imposible que algo surja de la nada absoluta, para otros tuvo que haber algo iniciado, pero volvemos a lo mismo ¿de dónde surge eso algo inicial?

Si Dios es creador ¿De dónde surge Dios? y si Dios es esa energía omnipresente, omnisciente, omnipotente, inmutable, independiente (principio y fin) y todo poder creador ¿Es entonces el universo un sistema vivo y autosuficiente? Si es así, ¿de dónde surgió y cuál es su razón de ser?

13. Sobre la Fe y la razón

- Fe y Razón: la Fe es creer en base al instinto de uno, (no a creer forzosamente en algo impuesto), es creer en algo que, aunque aún no es comprobado, el instinto y la razón acepta esa perspectiva. La fe sin una base de razón es dogmática y fanática (tanto en lo político y religioso).

- Para unos existen los siguientes tipos de Fe:

  • Primero está la fe natural o empírica: aquella inquietud innata que nos guía a buscar o creer en algo más allá (tal vez creada por la experiencia de la muerte) y está basada en los aspectos que nos planteamos a nuestra manera al no tener capacidad científica de conocer plenamente los fenómenos.

  • Luego la Fe basada en la razón: donde la razón ayuda a validar la fe empírica.

  • Y la Fe validada o madura: la que ahora ayuda a guiar a la razón en su continua búsqueda de la verdad (sabiendo ya que esta si existe).

- Otros dicen que la fe no es innata, basado en que, si bien el concepto de religión es universal, se han descubierto algunos pueblos que no tenían sentimiento religioso alguno, lo que parece, por tanto, que el preconcepto de un Dios no surge de un instinto original (una impresión primaria de la naturaleza) así como surge el amor propio, el amor por los hijos, la atracción entre los sexos, etc. (sentimientos que si son universales en toda cultura y edad).

Mas bien que el preconcepto de Dios surge en dos momentos: i) el primitivo: creado por el hombre por su temor e ignorancia a los fenómenos naturales y ii) ya actualmente como el resultado de un grado de razón y conciencia que ha comenzado a observar que realmente puede existir la posibilidad de un factor creador, ordenador y regulador (leyes naturales)

- Pero también podría existir otra pregunta: ¿Existirá o se habrá manifestado realmente en el pasado un ser superior proveniente de un estado más avanzado y por lo cual es que todos los pueblos tienen una identidad en su mitología?

Si es real o es creado nadie lo sabe, pero sí que es amor y que es el propósito final, y si actuamos con amor tal vez un día sepamos más.

- ¿Es limitada la razón humana para conocer la verdad?

Yo creo que no, la razón es ilimitada y autónoma, lo que la limita son: i) los esquemas que la encasillan; ii) y su impureza interna que la nublan a ver y desarrollar el conocimiento real. Así que, mientras el hombre no madure usara el conocimiento solo para su destrucción. Cuando madure expandirá su conocimiento enormemente más allá de lo que tenga establecido.

14. ¿Existe el destino o el devenir es azaroso e imprevisible?

¿Irrumpe Dios en la historia humana?

A través del libre albedrío uno construye su destino. Dios nos apoya, pero espera que uno tenga madurez en las tomas de sus propias decisiones.

Se requiere de una actitud serena ante los designios de la vida, pero también la conciencia de que uno puede crear su propio destino y que no todo es culpa o creado solo por el destino, cayendo a una actitud pasiva y resignada.

¿Dios nos apoya? Dios es amor (valores, conciencia, energía transformadora, orden). Si actuamos sujetos a los valores (principios de Dios) forjamos un adecuado vínculo con nuestro entorno y por ende un adecuado destino (y viceversa).

El libre albedrío nos da la libertad de decidir hacia un fin o hacia el otro, pero la fuerza de voluntad es el motor que nos lleva a la realización de esos fines.

Así que según su conciencia y propia y libre voluntad el hombre es el que definirá su propia naturaleza interna y en base a esta, su propio destino. Tendrá poder para descender o transcender.

2. De índole social

1. **Puntos sobre el marxismo**

   - Este surge con el propósito de la transformación de la realidad y estructura económica-política-social del capitalismo. Criticando la alienación en que vive el hombre y promoviendo la intervención práctica del hombre en su historia.

   El marxismo se puede considerar un humanismo por cuanto lucha contra la alienación del hombre y por cuanto establece la autonomía del hombre mismo (sobre un ser superior). Sin embargo, para Marx el humanismo es un concepto ideológico y solo el socialismo un concepto científico.

   Según el marxismo, el fin a que se dirige la historia es la desaparición de las clases y a la instauración de un sistema social dirigido al desarrollo integral del hombre (comunismo según Marx) y enfatiza que la utopía ya no debe ser un objeto distante, sino un objeto al alcance del sujeto.

   - Sin embargo, Freud acusa al marxismo de desconocer la naturaleza humana, dado que, en la práctica real, el socialismo fue un fracaso por coartar la libertad individual del ser humano y encasillar sus aspiraciones (causa del fracaso del socialismo), por tanto, el socialismo en vez de transformar la conciencia, la continúo esclavizando (alineando).

2. **El materialismo**

- El materialismo es una concepción general del mundo basada en una determinada relación entre el espíritu y la materia.

- Siendo lo único real: i) la naturaleza (sobre la cual se creó y desarrollo el hombre) así como ii) el espíritu del hombre mismo (el actor activo que transforma ahora a la naturaleza). Y iii) el mundo creado como producto de la interacción hombre-hombre y hombre-naturaleza a través de su desarrollo histórico (actuando el hombre como un sujeto activo-practico y no meramente como un objeto contemplativo).

Actualmente, esta interacción apunta a una transformación práctica de la sociedad que permita la plena realización del hombre bajo un nuevo modelo de desarrollo.

Ya que el hombre no es solo un "Ser Natural" (un objeto más), sino que es realmente un "Ser Natural Humano" (con espíritu propio, activo y transformador de su entorno y de sí mismo)

Esto hace que el hombre sea el principio de la sociedad y el sujeto de su propia historia, teniendo al trabajo (la acción, generación de riqueza) y su interacción colectiva (afecto y distribución) como sus dos esencias externas, reflejadas bajo una relación natural (con la naturaleza misma) y bajo una relación social-productiva para fines de su desarrollo.

En este sentido es claro que la naturaleza física en sí no puede intervenir de manera directa en la historia universal del hombre, sino indirectamente al ser fuente y elemento activo del proceso de producción, pero es el hombre en sí, el que establece su propia historia dentro de su forma de relación hombre-naturaleza y su forma de relación hombre-hombre. (en repuesta a como generar riquezas y como distribuirlas: sus grandes inquietudes)

Así que mientras existan hombres, la historia de la naturaleza y la del hombre se consideran recíprocamente. Teniendo el ser humano los siguientes elementos a usar y que determinan y guían nuestras vidas:

- **La conciencia** (la madures plena de comprender lo bueno y malo que hacemos y la necesidad de nuestro cambio)

- **El libre albedrío** (la capacidad de decidir si queremos cambiar o no)

- **La capacidad de discernimiento** (ir identificando la forma más efectiva y eficaz de cómo hacerlo)

- **Y nuestra voluntad** (la fuerza espiritual interna que tenemos para llevar a efecto ese cambio)

Ya que podemos no tener una esencia positiva, pero si alcanzamos conciencia sobre lo que somos y de nuestra necesidad de cambio, queda entonces en nosotros la decisión de hacerlo o no hacerlo. Y si queremos hacerlo queda también en nosotros la decisión y capacidad de prepararnos para saber cómo hacerlo y finalmente, la fuerza de voluntad que tengamos para lograr esa meta.

Ya que puedo decir que sí quiero el cambio consciente de él, pero hago poco o nada, o lo que hago no es lo adecuado, o no me empeño lo suficiente para lograrlo.

Ya que, en la realidad, no existe mundo aparente y mundo verdadero, sino el devenir constante del ser: creando y destruyendo, siempre se está haciendo y está por hacerse, es un proceso sin fin.

Ya que el hombre no solo tiene naturaleza, sino que también historia (con su naturaleza interna y su relación con la externa construye su historia, por eso se le puede conocer tanto por su naturaleza como por su historia, ya que uno es reflejo del otro).

Es por lo que, al tener un horizonte trazado con plena madurez, se eliminara el devenir caótico constante del hombre. De ahí que el estudio del pasado no debe ser una simple suma de hechos ocurridos, sino una penetrante reflexión sobre los mismos.

3. **Sobre el sistema social:**

- La idea de una sociedad internacional armoniosa es el último escalón colectivo a que debe llegar el hombre, buscando producir la suprema realización del hombre.

- Si es verdad que el mundo ya está constituido, también es verdad que nunca está completamente constituido, por eso la historia se construye y se transformar constantemente de acuerdo con las circunstancias y las contingencias, siendo estos los factores que van moviendo a diario nuestras acciones (lo que debemos hacer es que esto no sea sin dirección, sino que busque siempre estar dentro de un marco direccional predeterminado)

- Los hombres solo se someten a la ley que ellos mismo se han dado, por eso debe haber un contrato social a favor del sentir de toda la comunidad.

- Es en el espíritu de la sociedad donde se constituye y realiza el individuo.

- Según el capitalismo, el destino de la industrialización y del proletariado es la realización de las potencialidades humanas. Tal vez en sus capacidades creativas e innovadores, pero en lo social ha sido todo lo contrario: la esclavitud en base a la falsedad y la injusticia.

- El objeto evoluciona al sujeto, luego el sujeto transforma el objeto y así sucesivamente hacia el bien o el mal, conforme al nivel de conciencia que va logrando.

- El orden político es la expresión del nivel de madurez social, y la madurez social es la expresión del estado evolutivo del individuo.

4. Sobre los modos de producción

Las relaciones de producción conforman la estructura económica de la sociedad y sobre la cual se levanta una sobre estructura jurídica, política y religiosa y con ellas la formación de una determinada ideología y nivel de conciencia.

Todo nuevo modelo de producción se incuba en el seno del viejo modelo, ya que del viejo modelo surgen las directrices del nuevo modelo como una simple acción de reversión contraria al modo de actuar del modelo saliente.

Todos los modos de producción buscan responder a las dos inquietudes básicas del hombre sobre todos sus sistemas:

- ¿Como transformo la naturaleza en función de satisfacer mis necesidades y sin ninguna afectación?
  A través del trabajo y las relaciones de las fuerzas productivas se determina la capacidad de transformación.

- ¿Como distribuyo las riquezas generadas?

A través de las relaciones de producción, se define la capacidad de distribución.

Por consiguiente, Modo de Producción es: al modo de transformación y distribución de manera conjunta.

El motor de la historia es pues la tercia entre las fuerzas fundamentales de la sociedad para responder a las dos preguntas fundamentales antes indicadas: ¿cómo transformo la naturaleza y como distribuyo la riqueza?

El avance tecnológico modifica el modo de transformación y generación de riquezas. Esto conlleva a la necesidad de ajuste en el modo de producción buscando siempre un balance de sostenibilidad y distribución adecuada.

Este proceso de acomodo puede conllevar a ajustes concertados o a grandes conflictos que terminan en transformaciones radicales del modo de producción. Así que, el avance tecnológico incide fuertemente en la transformación del modo de producción y de la conciencia social.

Cabe aclarar que el modo de producción y el intercambio de sus productos estructuran la parte externa del sistema. Pero al final, la producción y la distribución no son más que acciones guiadas por el impulso del hombre. Por consiguiente, las relaciones de producción serán buenas si los impulsos del hombre han madurado suficientemente y viceversa.

Así que podemos decir que la economía no es la causa última generadora del orden social y la historia, ya que esta es solo una acción más del hombre y que la fuente real generadora del orden social e histórico es la forma de pensar y actuar del hombre, ya que, de acuerdo con esta forma de ser interna, él hace y construye, o bien, hace y destruye, es justo o injusto en la distribución.

5. **Sobre la alienación**

- Como ya dijimos, las formas ideológicas tienen en su mayoría como función ocultar, desfigurar, sublimar y suplantar imaginativa o conceptualmente una situación de la existencia real, social e histórica de los hombres (o sea su alienación: desposesión de sí mismo).

- Ya que la razón a perdido su autonomía, estando ahora está sujeta a los intereses mezquinos que el hombre establece en la sociedad a través de la tecnología, la política, economía y la religión.

Pero es la alienación económica la que conlleva a la alienación social (división social en clases), política (división entre sociedad civil y estado), religiosa y filosófica.

Ya que el fundamento económico es el principal impulso que guía el proceso histórico del hombre. Donde el impulso de agresividad es un medio ofensivo o defensivo para el alcance de su impulso económico (ambición).

- Así mismo, el lenguaje (la oratoria) hoy se ha convertido en un instrumento de manipulación, capaz de realizar las obras más divinas: apaciguar tanto el miedo y el dolor, así como conducir hipnóticamente a la sociedad hacia un abismo con mucha satisfacción. Por eso que muchas veces no gana el mejor, pero el que gana se convierte ante la gente en el mejor (de ahí la importancia de la oratoria).

- Por ende, se debe luchar contra la alienación de la ciencia, la política, la economía y de la religión para que el hombre conquiste su propio ser (los esquemas a que nos someten y que nos limitan a poder ver más allá de lo establecido).

Solo quien tenga la valentía de buscar su libertad, tendrá las fuerzas para crear lo nuevo.

- Solo en su libertad (de toda alienación) el hombre podrá hallar su esencia y su destino. Debemos ser y existir, para vivir, aprender y conducir. Y solo hay dos maneras de existir: como cosa o como conciencia (como objeto o como sujeto). Debemos decidir.

6. **¿Las jerarquías son buenas o malas?**

El problema como siempre no está en la forma sino en el fondo (su uso, si son para bien o para mal). En sí la jerarquía es una estructura natural necesaria para el establecimiento y control de los procesos y el orden (el reino animal las tiene y el mismo cielo también tiene jerarquías, con sus ángeles, arcángeles, querubines, etc.)

7. Sobre lo que es moral

- Vivir de acuerdo con los dictados de la naturaleza, es vivir de acuerdo con los dictados de la razón (es lo más sensato y sabio).

- Las disposiciones legales del hombre no son muy efectivas, si no van acorde a los principios de la naturaleza.

- ¿Derecho o moralidad?

Derecho: más ambiguo de interpretación

Moralidad: más universal, por ende, debe ser el marco para un derecho universal

La ética moral debe ser guiada por la propia conciencia, poniendo lo espiritual sobre lo material, indicando como debemos actuar. Ej. no cobrar precios abusivos puede tener dos fines: i) ganar clientela (fin material); ii) ser justo (fin espiritual: acción del deber)

8. Sobre la ciencia humana

La ciencia humana (ciencia del hombre o ciencia del espíritu) tiene por objeto el estudio del espíritu del hombre en su totalidad: su formación y evolución social, económica e histórica, sus manifestaciones técnicas, filosóficas, religiosas y culturales, su capacidad para conocerse a sí mismo y trazar su propio desarrollo evolutivo.

El ser humano en su vivencia establece cuatro dimensiones:

- la representativa: la imagen objetiva que se crea del mundo (religiosa, social, productiva, artística, etc.)
- la afectiva: el conjunto de valores por los cuales se guía
- las relaciones que establece para cubrir sus necesidades
- volitiva: las decisiones y acciones que toma en la construcción de su historia y sobrevivencia.

El estudio de la combinación de estos cuatro factores y sus efectos sobre sí mismo, en un momento dado y en el tiempo, es el estudio de la ciencia humana.

3. De índole religioso

1. **Sobre la religión actual**

Para Marx, la religión está en estrecha relación con la organización económica-social-política brindando estabilidad al sistema y una justificación ideológica, desviando la liberación hacia otro mundo (la del cielo o del infierno) y no de las injusticias de nuestro mundo real, y brindando a la vez, una compensación allá en el cielo y no aquí en la tierra a la aptitud pasiva, para así mantener una sociedad sumisa y no afectar la estructura social opresiva vigente. Por tanto, que la religión a domesticado al hombre para convertirlo en un animal aprisionado (el opio de los pueblos).

2. **La religión como reflejo del hombre mismo**

Para unos, la génesis de Dios no es más que la proyección que el hombre se hace de sí mismo y de su esencia.

Para unos, en la génesis de la esencia de Dios se cumple la alienación del hombre por sí mismo (el mismo se auto condena y se auto perdona) y que, por eso, la religión es la escisión (ruptura y desmembración) del hombre consigo mismo y su esencia.

El hombre, pone en la religión su esencia secreta. Cuando su esencia positiva (Dios) está en el mismo, por ende, unos dicen que la esencia de Dios no es más que la esencia del hombre, donde la esencia divina, pura, perfecta, se logra con la autoconciencia alcanzada.

3. **Error de la iglesia**

- La naturaleza es dinámica, negar el cambio y el movimiento es negar la naturaleza. El movimiento y el cambio es intrínseco y propio del ser natural. La naturaleza, el hombre y la sociedad cambia, sin embargo, la iglesia se aferra a no cambiar, siendo uno de sus errores.

- La religión es lo que más nos debería distinguir de los animales y elevarnos como criaturas racionales, pero actualmente hace lo contrario.

La religión se ha centrado en la relación del hombre con su esencia, pero ha dejado de un lado su relación con el orden real, social, político y científico, siendo un error ya que estos factores también influyen en la manifestación de la esencia del hombre.

- Por tal motivo, la sociedad y la filosofía siempre interpelaran a la religión ante su demanda evolutiva y esta se verá siempre obligado a definirse ante la presión de la sociedad.

- Mientras los científicos se ponen de acuerdo en sus teorías logrando que la ciencia avance, la metafísica se continúan debatiendo desde siglos las mismas cuestiones con grandes discusiones sin fin.

Si esto no se supera, será mejor abandonar la ilusión de **construir un sistema metafísico con pretensiones científicas** y seguir sumergido en el misticismo mitológico.

- ¿La iglesia y el estado, dos cosas distintas o pueden ser una sola?

4. **Semejanzas de las religiones**

- En el fondo todas las religiones son iguales:

  - Venimos de un algo

  - Traemos el propósito de buscar nuestra transformación y salvación (realización, iluminación, etc.).

  - Si lo logramos vamos al cielo, el nirvana, etc. y si no lo logramos a un infierno, a un inframundo, etc.

Todas las religiones indican que la transformación interna es el punto de partida de un proceso ascendente que lleva al hombre más allá de sí mismo; de abandonar las cosas vanas del mundo para despertar una nueva visión hacia sí mismo y su mundo, ya que solo suprimiendo lo negativo interno es que conoce las verdades inmutables.

¿Entonces? Como vemos, hay un solo propósito y ese nos debe unir, ya que lo importante no es la doctrina sino la pureza interna.

5. **Propósito de la religión**

- Debemos caminar hacia la religión natural y racional, sin dogmas, ajustada a las leyes naturales y valores universales y en abrazo con todas las ramas del saber.

Si queremos terminar con la superstición y sacar a luz la verdadera naturaleza de la religión, es necesario que la verdadera religión sea racional y natural.

La religión natural estará en contra de dogmas y no tendrá diferencia con la moral, la razón, ni la naturaleza, siendo la forjadora de verdaderos valores en el ser humano para llevarlo al conocimiento verdadero.

- La humanidad racional actual ha perdido el papel de conductor de la cultura humana, es hora de la humanidad madura (social y espiritual), guiada por los valores universales y vida conforme a fines. Y solo una religión madura puede conducir a eso.

- Aunque Dios exista o no, el hombre necesita encontrarse a sí mismo, y la realización personal exige compromiso social. Y dado que la iglesia es hoy una institución desviada de sus valores, debe también nacer de nuevo.

6. Sobre Dios

- Hasta el momento tenemos dos realidades:

  - Una conocida: los valores y leyes naturales que nos rigen y ordenan.

  - Una percibida: la esencia creadora, Dios (en proceso de conocerse)

- Para el materialismo, la génesis de Dios no es más que la proyección que el hombre se hace de sí mismo y de su esencia. Por ende, la esencia de Dios no es más que la esencia del hombre. Entonces… ¿es posible demostrar su existencia o es una creación de mi pensamiento?

- Por otro lado, la ciencia dice que todo el universo es un campo energético, entonces ¿es el universo un sistema vivo? ¿es Dios una energía cósmica que emana ese sentimiento y fuerza? ¿será por lo que se dice que Dios es omnipresente y omnipotente? ¿podemos ver su existencia a través de la naturaleza, sus leyes ordenadoras y la vida misma?

- Dado que todo en el universo es energía (incluido nosotros), entonces todos somos una parte desprendida de esa energía que desarrolla conciencia.

Por tanto, si aceptamos que Dios es amor (la idea, el bien) y el amor la fuente de la energía creadora, entonces el amor o Dios, es un sentimiento universal innato en la naturaleza bajo el concepto de leyes naturales y en nosotros bajo el concepto de valores (**el fondo**); Y la imagen que tenemos de Dios es **la forma** exteriorizada de Dios y de nosotros mismos.

- De ahí las cuatro definiciones hasta hoy de Dios:

    - Como conciencia cósmica (energía omnipresente) (definición religiosa oriental).

    - Dios como Persona omnipotente (definición religiosa occidental).

    - Dios como espíritu (de amor-valores) (definición materialista, algo innato al hombre).

    - Como Orden natural (leyes naturales) (definición materialista innato a la naturaleza).

    Por tanto, podemos decir que las manifestaciones de Dios pueden ser como:

    Dios = espíritu = amor = energía = conciencia = orden

- ¿Qué significa hechos a imagen y semejanza?

    Imagen es una proyección, una figura, una forma; y semejanza es características (iguales valores, cualidades, etc.), por tanto, ¿hechos con la misma figura humana y mismas cualidades?

7. Sobre el espíritu

Espíritu = la actitud del propio ser.

- Es pensante, independiente, activo, creador (la personalidad misma reflejada mediante los valores, atributos, etc.)

- Es el objeto y el sujeto de la autoconciencia a través de su propia actividad e incesante progreso (desarrollo).

- El fin del espíritu es la conciencia y esta se halla en su experiencia (histórica).

- Sin embargo, solo alcanza conciencia de su mundo en la medida que alcanza conciencia de sí mismo.

- Encontrando que su unidad no está fuera de sí, sino dentro de sí mismo.

- De esta manera, el espíritu evolucionado es finalmente aquel donde su mundo interno y externo están perfectamente interconectado el uno con el otro.

Todas las propiedades del espíritu existen solo mediante la libertad de este mismo, ya que el espíritu el que determina u origina las diferentes formas de su realidad (buena o mala).

Por tanto, conociéndose a sí mismo el espíritu llega a su contenido y su contenido es justamente lo espiritual. Por tanto, hacerse objeto de sí mismo, saber de sí, es la tarea del espíritu.

- De ahí los tipos de espíritus en cuanto a su nivel de conciencia:

  - Espíritu inculcado: guiado por las percepciones establecidas

  - Espíritu libre: desprendido de patrones y se hace a sí mismo objeto y sujeto de reflexión.

  - Espíritu práctico: cuando convenimos transformar nuestro entorno a favor

  - Espíritu evolucionado: cuando logra la relación armoniosa consigo mismo, con los demás y con su entorno (lo ideal a lograr).

8. **Sobre el alma**

- El alma ¿existe o no? Si existe ¿qué es? ¿materia, energía u otra cosa?

¿Existe o es un simple concepto creado por el espíritu y la razón del hombre hacia algo inmaterial? Si es así, entonces el alma sería igual al espíritu: El mundo de los pensamientos, cualidad y personalidad del individuo.

Si existe... ¿es creada o emanada? ¿inmortal o perecedera?

¿Cuál es su función? ¿Solo purificarse a través del cuerpo y este mundo? ¿Purificarse de qué? ¿De las necesidades y exigencias del cuerpo o sobre otras tendencias inferiores del alma? ¿O solo desarrollar conciencia?

- ¿Solo el hombre o todos los seres vivos la tienen?

- ¿El alma se conoce a si misma? ¿Puede transformarse o tiene un estado único?

- ¿Es el alma pensante? ¿entonces es la razón un atributo del cuerpo o del alma?

¿Como podría el alma realizar la función de pensamiento y razón sin la existencia física de las neuronas y el cerebro? los pensamientos son impulsos nerviosos y los impulsos nerviosos son corrientes eléctricas, o sea proveniente de una energía.

Si el alma es energía ¿puede hacer siempre estas mismas funciones (sin el cuerpo) bajo otras formas sensitivas que hoy desconocemos?

- ¿El alma tiene conciencia propia?

Si todos somos energía emanada de una sola fuente, todos debemos tener alma, solo que en diversos grados de conciencia.

Por eso el salto del alma de mundo mineral, al vegetal, animal y humano a como dice la filosofía esotérica, se debe a diversos grados de conciencia alcanzados a través de un proceso, donde un nivel superior ha logrado los anteriores, pero un inferior no puede insertarse en un superior por no tener el nivel de conciencia requerido.

Es como un programa Word, la versión nueva puede abrir o grabar cualquier versión anterior, pero una anterior no puede abrir o guardar una versión superior. Esto hace suponer que solo un grupo limitado de almas este en la etapa humana en busca de un salto final hacia una etapa superior.

¿Entonces la conciencia la tiene el alma o el cuerpo a través de su experiencia sensorial se la genera al alma?

¿Entonces es el alma la sustancia inmaterial del ser en busca de su verdad?

- El alma: ¿es juzgada luego o no? ¿premiadas y castigadas? Podemos considerar que si en cada etapa se logra el grado de conciencia respectivo se asciende a la etapa superior.

- ¿Cuántas almas existen? Si hay resurrección ¿cuántas almas han existido durante toda la historia humana? ¿Cuántas faltaran? ¿Si hay reencarnación son más limitadas repitiéndose las mismas una y otra vez?

- ¿Cuerpo y alma son distintos (sirviendo uno como vehículo del otro) o ambos conforman una sola sustancia?

Y si el cuerpo es energía y el alma también, ¿entonces el cuerpo es la energía inconsciente y el alma la parte de la energía consciente?

- ¿Cuerpo y alma hechos a semejanzas de Dios, o solo el cuerpo o solo el alma?

¿El alma es el soplo de vida impregnado y el cuerpo el polvo del que fuimos hecho? (De polvo eres a polvo volverás).

¿Es el alma el conjunto de energía que conforma el cuerpo y por eso toma su forma?

La existencia eterna del alma: ¿con cuerpo o sin cuerpo físico?

¿El alma toma un cuerpo para existir? ¿O puede existir por si sola?

¿Qué sentido puede tener un alma sin cuerpo, si su función es hacer que el cuerpo viva?

¿El alma y el cuerpo (forma y materia) constituyen una única sustancia natural: el viviente?

¿El cuerpo es solo el vehículo para que el alma alcance su conciencia y purificación?

- ¿El alma es energía? Todos somos energía, emanada de una sola fuente, esa energía busca el alcance de su conciencia, es materia y energía, y es eterna como energía con forma o sin forma.

- El alma evolucionada es aquella que está perfectamente acomodada en un cuerpo y donde el mundo interno y externo están perfectamente interconectado el uno con el otro.

- ¿Es la tarea del alma someter y ordenar las pasiones conforme al dictamen de la fe (el amor) y la razón?

  Sin embargo, ¿cómo podemos convertir los impulsos fisiológicos si son la parte funcional química del cuerpo? (Según la biblia no se trata de eliminar, sino, de controlar, educar, dominar).

- Platón dice que la función del alma es purificarse y prepararse para el conocimiento y que la esencia (el principio supremo) es el bien (el amor). Eso hizo Jesús.

9. **Elementos científicos que pueden dar base a la posible existencia del alma**

Hay avances de la ciencia que podrían apuntar a la posibilidad de que el alma sea nuestro propio ser de forma inmaterial, entre estos:

- Que la materia es a la vez partícula y onda (cuerpo y alma)
- La teoría de las cuerdas y demás dimensiones
- La conversión de la materia en energía y viceversa
- La existencia del cuerpo bioenergética

Por tanto, el alma podría ser un cuerpo enérgico más sutil, en otro estado de vibración (donde el alma entra a ser parte del cuerpo y luego su desprendimiento con la muerte del cuerpo)

¿Acaso los supuestos ángeles o seres de luz podrían ser algo así?

10. **¿Resurrección o reencarnación?**

¿Qué porcentaje de la población cree en la resurrección y en la reencarnación?

¿Si es resurrección como sobrevive el cuerpo luego eternamente si está sujeto a leyes biológicas de evolución e involución y además es corruptible? Y sobre su descomposición ¿se vuelve a regenerar? ¿y si ya volvimos a polvo se vuelve a formar otro acaso con la imagen y alma nuestra anterior?

¿Y la memoria nuestra que se pierde con la descomposición del cuerpo como se recupera? ¿O acaso la memoria es parte del alma? ¿Al morir el cuerpo que pasa con el alma? ¿Desaparece? ¿Retorna luego? ¿Si retorna que hace entre la muerte y la resurrección?

Si es reencarnación, ¿es entonces el alma un ser independiente y pensante? ¿De qué está conformada? ¿De una masa energética? (¿Un plasma?) Si es así, ¿esa masa energética es parte de la energía cósmica (Dios)? por eso digo emanación, porque seriamos como desprendimiento de una parte mayor (creación en su conjunto, no creación independiente).

Muchas de estas tal vez no la podemos responder hoy, pero en la medida que avancemos en el conocimiento con madurez, podremos ir nos acercando a sus respuestas.

4. Otros puntos varios

1. **Sobre el concepto de experiencia**

    -   La experiencia (no experimental) es solo la suma de vivencias u observaciones unidas por un débil nexo de asociación, requiriéndose por ende un proceso de mayor rigidez científica para la obtención de leyes como un segundo momento del conocimiento.

    -   Realmente no tenemos conocimientos más allá de la experiencia (experiencia colectiva o individual y tomando en cuenta todos los conocimientos adquiridos tanto vivencial como científicamente), la experiencia va formando el conocimiento, más allá de la experiencia no experimental solo tenemos suposiciones a ser buscadas a comprobar.

    -   Unos dicen que no podemos rebasar nuestra experiencia sensible, más allá no hay conocimiento. Esto sería verdad si tuviéramos seguros de que solo existen 5 sentidos.

    -   La intuición es el alma de la experiencia. No se opone a la inteligencia, sino, aporta a guiarla a la verdad.

    -   En cambio, la experiencia humana (toda la experiencia acumulada: vivencial o experimental) va formando la conciencia del hombre además del conocimiento simple.

2. **Sobre la razón y los sentidos**

Razón y sentido: ambos contribuyen al conocimiento, sin embargo, los sentidos nos dan una multiplicidad de apariencias y aspectos, por ende, no bastan para el conocimiento exacto, es necesario un esfuerzo racional para alcanzar el ser de las cosas, siendo el complemento que debemos desarrollar.

La razón inferior tiene como objeto la ciencia destructiva, la razón superior la sabiduría y con ella, el verdadero desarrollo integral del ser humano.

Actualmente estamos sometidos a una razón limitada al afirmar y mantener todo lo dado. Una razón que no ve desajustes o aspectos negativos en la realidad actual.

3. **Definición de imaginación y lógica (nacimiento de la fe y la razón)**

La fuente de nuestro pensamiento son las impresiones (provenientes de nuestros sentidos). De la combinación de ellas surgen nuestras inquietudes, creamos nuestros conceptos y formamos nuestra imaginación y lógica.

La imaginación nos hace ir más allá de nuestras impresiones y experiencias; y la lógica nos conduce a considerar la posibilidad de ese algo imaginado.

De esta manera, para unos, la imaginación produjo la fe (crear y creer en algo de lo que no tenemos certeza) y la lógica a comprobar algo que valoramos en cierto modo posible.

4. **El cuerpo**

El cuerpo humano es un grado de organización de la energía y la materia en un estado más complejo y superior. Por eso la ciencia nos ha habituado a ver el cuerpo como un ensamblaje de partes y no como un vehículo necesario para mi existencia y mi conciencia. Por ende, debo cuidar mi cuerpo para tal fin (el desarrollo de mi espíritu y mi entorno)

5. **Fuentes del conocimiento**

- ¿Existen ideas y valores innatos? ¿Por qué todas las religiones y culturas piensan igual? ¿Todos con los mismos fundamentos religiosos? ¿Todas las sociedades con los mismos patrones morales? Esto muestra la posibilidad que puede haber ideas innatas, a como hay instintos animales innatos.

- Así que tenemos un conocimiento que está a nuestro alcance y es el que adquirimos de nuestro entorno; pero para unas religiones, hay otro tipo de conocimiento que no está a nuestro alcance normal y solo se adquiere a través del desarrollo de nuestro espíritu.

- Percibir es función de los sentidos, comprender lo percibido es tarea del entendimiento, mediante la conexión lógica de los hechos. Pero, dado que carecemos de intuición intelectual y solamente poseemos intuición sensible, nuestro conocimiento se halla únicamente limitado a los fenómenos de nuestro entorno.

Habrá muchos temas más sobre que reflexionar, quedando abierta la invitación, y aunque no podemos responder todo hoy, debemos seguir avanzando en nuestro conocimiento y aprendizaje social con madurez para irnos acercando a sus respuestas y tener una mejor conducción humana.